民族服饰图案数字化创新设计与传播策略研究

胡玉丽　著

中国商业出版社

图书在版编目(CIP)数据

民族服饰图案数字化创新设计与传播策略研究 / 胡玉丽著. -- 北京 ：中国商业出版社，2025. 2. -- ISBN 978-7-5208-3322-6

Ⅰ. TS941.26;TS941.742.8

中国国家版本馆 CIP 数据核字第 2025AS0539 号

责任编辑：管明林

中国商业出版社出版发行

（www.zgsycb.com　100053　北京广安门内报国寺 1 号）

总编室：010－63180647　编辑室：010－83114579

发行部：010－83120835/8286

新华书店经销

天津和萱印刷有限公司印刷

*

787 毫米×1092 毫米　16 开　9 印张　158 千字

2025 年 2 月第 1 版　2025 年 2 月第 1 次印刷

定价：45.00 元

* * * *

（如有印装质量问题可更换）

前 言

在全球化与文化多样性并存的今天，民族服饰作为各民族历史、文化、审美及生活方式的独特载体，不仅承载着深厚的文化意义，也是人类非物质文化遗产的重要组成部分。随着科技的飞速发展，特别是数字化技术的广泛应用，传统民族服饰图案的设计与传播方式正面临着前所未有的变革机遇与挑战。在这一背景下，探索民族服饰图案的数字化创新设计与高效传播策略，不仅对于保护和传承民族文化具有重大意义，也是推动文化创意产业发展、促进文化交流与融合的重要途径。

本书从民族服饰图案概述入手，对民族服饰图案数字化创新设计、民族服饰图案数字化重构与再生进行了分析，并对民族服饰图案数字化传播的渠道与策略、民族服饰图案数字化传播的内容策略进行了深入探讨。希望通过本书的介绍，能够为读者在民族服饰图案数字化创新设计与传播策略研究方面提供帮助。

本书在撰写的过程中，得到了许多专家、学者的帮助和指导，参考了大量的相关学术文献，在此表示真诚的感谢。本书内容系统全面，论述条理清晰、深入浅出，但是由于笔者水平有限，书中难免会有疏漏，希望广大读者及时指正。

胡玉丽

2024 年 11 月

目　录

第一章　民族服饰图案概述

第一节　民族服饰图案的定义与分类

一、民族服饰图案的定义

（一）民族服饰图案的含义

图案是指通过线条、色彩和形状等视觉元素组合而成的装饰设计，广泛应用于各类物品的装饰中。民族服饰图案则是指特定民族在其传统服饰中所使用的独特装饰图案，这些图案通常蕴含着丰富的文化内涵与象征意义。它们不仅是服饰的装饰元素，更是民族文化的重要载体，反映了该民族的历史、信仰和社会价值观。民族服饰图案的基本特征在于其独特性和传承性，通常具有鲜明的地域特色和历史渊源，代表了一个民族的集体记忆和文化认同。

通过民族服饰图案的传承与演变，我们可以窥见一个民族的精神世界和文化底蕴。这些图案在不同的历史阶段和社会背景下，经历了丰富的变化，成为民族身份的象征。

民族服饰图案的色彩与形状往往具有鲜明的地域性特征。这些特征不仅反映了当地的自然环境，如气候、地理和动植物资源，还与人文背景紧密相连。通过分析这些图案的色彩运用和形状设计，我们可以理解不同民族如何在服饰中融入对自然的敬畏和对生活的热爱。这种地域性特征不仅使民族服饰图案具有独特的视觉吸引力，也体现了人与自然和谐共生的理念。

在社会交往中，民族服饰图案起到了重要的标识作用。它们帮助人们在多元文化背景下区分不同的民族和文化群体。通过服饰图案的差异，人们可以识别出彼此的文化身份和社会地位。这种标识功能在多民族国家和地区尤为重要，不仅促进了文化的多样性，也增强了民族认同感和归属感。

（二）民族服饰图案的构成要素

民族服饰图案通常由形状和线条构成，不同的形状和线条特征体现了各民族独特的审美观和艺术风格。比如，某些民族倾向于使用几何形状，强调对称与秩序，而另一些民族则偏爱自然形态的线条，展现出流动感与生命力。这种多样化的形状和线条不仅是视觉上的艺术表现，也是民族文化的象征，反映了每个民族在历史发展过程中形成的独特的文化积淀和审美追求。

色彩是民族服饰图案的重要构成要素，它反映了地域文化和自然环境的深刻影响。每一种颜色在民族服饰中都可能具有特殊的象征意义，如红色在某些文化中象征着吉祥与喜庆，而在另一些文化中则可能代表着力量与勇气。色彩的选择不仅是视觉上的吸引力，更是对民族历史与文化内涵的深刻表达。色彩搭配的巧妙运用，使得民族服饰图案在视觉上更加丰富多彩，同时也在情感上引发观者的共鸣。

图案的纹理与材质选择直接影响着服饰的触感与视觉效果。不同的材质可以赋予图案不同的质感，如丝绸的光滑与细腻、棉布的柔软与舒适，都会在视觉上和触觉上给人以不同的体验。纹理的选择不仅是设计美学上的考虑，也与实用性紧密相关。在不同的文化背景下，材质的选择往往受到自然资源的可得性和传统工艺的影响，从而形成了各具特色的民族服饰风格。

二、民族服饰图案的分类

（一）按地域分类

1. 北方地区

北方地区的民族服饰图案往往以粗犷、豪放为特点。例如，在蒙古族的服饰图案中，常常可以看到象征草原和天空的蓝色、白色以及象征吉祥和富贵的金色和银色。图案内容多为动物、花卉以及几何图形。此外，蒙古族服饰中的腰带和靴子上的图案也独具特色，常常以线条流畅、色彩鲜明的几何图形为主。

2. 西北地区

西北地区的民族服饰图案更多地体现了沙漠和草原的苍茫与辽阔。例如，在回族的服饰图案中，常常可以看到以白色为主色调，搭配黑色、绿色等色彩，形成鲜明对比。图案内容多为植物花卉、几何图形以及文字符号。回族女性的头饰和盖头也是其服饰图案的重要组成部分，常常绣有精美的花卉和几何图形。

3. 西南地区

西南地区的民族服饰图案以其丰富多彩、细腻精致而著称。例如，在苗族的服饰图案中，常常可以看到以银饰和刺绣为主要装饰手段，图案内容多为龙凤、花鸟、人物等，寓意着吉祥、幸福和美好。苗族女性的百褶裙和银冠更是其服饰图案的亮点，裙子上绣有精美的花卉和几何图形，银冠上则镶嵌着各种宝石和银饰，闪耀着璀璨的光芒。此外，彝族、布依族等民族的服饰图案也各具特色，常常以动物、植物以及几何图形为主要元素，寓意着丰收、吉祥和幸福。

4. 青藏地区

青藏地区的民族服饰图案以其神秘、庄重为特点。例如，在藏族的服饰图案中，常常可以看到以藏传佛教的宗教符号和藏族传统图案为主要元素。藏族服饰中的藏袍以及腰带等部位的图案也独具特色，常常以线条流畅、色彩鲜明的几何图形和动物图案为主。

（二）按民族分类

依据民族维度划分民族服饰图案，是一种深刻体现文化多样性与民族特色的分类方式。世界各地分布着众多民族，每个民族都有其独特的历史背景、文化传统、宗教信仰以及生活环境，这些因素共同作用于民族服饰的设计与制作，使得服饰图案成为展现民族身份与文化底蕴的重要载体。

1. 汉族服饰图案

汉族作为中国的主体民族，其服饰图案历史悠久、丰富多样。从古代的云雷纹、龙凤纹到后来的山水花鸟、吉祥图案，无不蕴含着深厚的文化意义和审美追求，如牡丹象征富贵、莲花寓意纯洁、鱼纹寓意年年有余等。汉服上的刺绣、织锦等技艺，更是将图案与服饰完美融合，展现了汉族人民的审美情趣和文化传统。

2. 藏族服饰图案

藏族服饰以其鲜艳的色彩和独特的图案著称，常见有宝相花、莲花、蝙蝠等图案，寓意着吉祥、幸福和长寿等。藏族人民喜欢在服饰边缘镶嵌宝石、珊瑚等装饰品，以及使用藏绣技艺，使得服饰既华丽又富有宗教色彩，体现了藏族人民对自然的崇敬和对美好生活的向往。

3. 蒙古族服饰图案

蒙古族服饰图案多取材于自然，如蓝天白云、草原牛羊、花卉蝴蝶等，色彩鲜艳，对比强烈，给人以开阔、奔放的感受。蒙古袍上的盘扣、绣花以及马蹄袖的设计，不仅实用，也体现了蒙古族人民的游牧生活方式和粗犷豪放的性格特征。

4. 苗族服饰图案

苗族服饰以其精美的刺绣和独特的银饰装饰而闻名，图案多为鸟、鱼、花、果等自然景物，色彩鲜艳，线条流畅，寓意深远。苗族妇女会在衣服的衣袖、裤脚、裙摆等部位绣上各种花纹，每一针每一线都蕴含着深厚的文化意义和历史故事，成为苗族文化传承的重要载体。

5. 维吾尔族服饰图案

维吾尔族服饰图案多采用花朵、蝴蝶、葡萄等自然景物为题材，色彩鲜艳，对比强烈，给人以热烈、欢快的感觉。维吾尔族妇女喜欢在服饰上绣制各种花纹，同时配以金银线、宝石等装饰品，使得服饰既华丽又富有民族特色。

此外，还有彝族、傣族、壮族、朝鲜族等众多民族的服饰图案，都各具特色，异彩纷呈。彝族服饰上的梅花绣、傣族服饰上的孔雀图案、壮族服饰上的花绣以及朝鲜族服饰上的云纹等，都是各民族独特文化和审美观念的体现。通过按民族分类民族服饰图案，我们可以更深入地了解各民族的历史文化、生活习俗和审美追求，促进不同民族之间的文化交流与融合。

（三）按题材分类

民族服饰图案按题材分类可以分为动物图案、植物图案、人物图案和几何图案四大类。不同题材的民族服饰图案不仅在视觉上具有鲜明的特征，而且在文化内涵上也各具深意。

1. 动物图案

在中国众多民族的服饰中，动物图案屡见不鲜，且各具特色。如在苗族的服饰上，常绣有龙凤、蝴蝶、牛等图案，龙凤象征尊贵与吉祥，蝴蝶则寓意生命的起源与繁衍，牛作为苗族人的重要生产伙伴，象征着勤劳与丰收。而在彝族的服饰中，虎、鹰等猛兽图案尤为突出，这不仅体现了彝族人对力量的崇拜，也寄托了他们对子孙后代勇敢、坚强的期望。动物图案在民族服饰中的运用，往往采用夸张、变形的手法，色彩鲜艳，线条流畅，极具艺术感染力。这些图案不仅美化了服饰，更成为民族身份的一种标识，帮助人们在日常生活中快速识别彼此的族群归属。此外，动物图案还承载着各民族的历史记忆与传说故事。许多图案背后都有着动人的传说，讲述着人与自然、人与动物之间的和谐共处，以及人们对美好生活的向往与追求。

2. 植物图案

植物图案在民族服饰中广泛应用，其设计灵感通常来源于当地的自然环境，展现了人们对自然资源的依赖与尊重。不同地区的植物图案各具特色，反映了当地的自然条件和生态系统。植物图案不仅是对自然的模仿，更是一种对生态文化的表达，它们通过图案语言传达出人们对自然的敬畏和保护意识。通过植物图案，民族服饰不仅展现出自然的美丽与多样性，同时也反映出人类对自然的深刻理解和情感依托。

3. 人物图案

人物图案在民族服饰中扮演着重要的角色，其通过对特定角色或场景的描绘，传达了丰富的社会文化内涵。这些图案不仅展示了民族的社会结构和传统习俗，还增强了群体的文化认同感和归属感。许多民族通过人物图案来纪念历史事件、传承祖先的智慧和经验。人物图案通过生动的形象和丰富的细节，赋予服饰以生命力，使其成为民族文化的生动载体。

4. 几何图案

几何图案在民族服饰中以其独特的形式美和抽象性而著称。不同民族利用几何图案展现其独特的艺术风格与审美理念。通过对称、重复、交错等设计手法，几何图案在视觉上形成了独特的节奏感和和谐美感。几何图案不仅是装饰元素，也是民族文化的象征，它们通过精巧的设计语言，传达出深刻的文化内涵和艺术追求。

（四）按表现形式分类

按表现形式分类，民族服饰图案可以分为具象图案和抽象图案两大类。

1. 具象图案

具象图案的设计特点在于其对现实形象的真实再现，通常通过细致的描绘表现出特定的文化元素和自然景观。这种设计方法不仅强调了图案的视觉美感，还体现了其所蕴含的深厚文化内涵。具象图案常常选取动植物、人物等具体形象，这些形象在民族服饰中不仅是装饰性的存在，更是文化传承的重要载体。它们通过图案的形式，将特定的文化符号和意义传递给观者，使服饰不仅是穿着的物品，更成为文化交流和传承的媒介。

具象图案在民族服饰中的文化象征意义尤为突出。它们常常与特定的神话、传说或民族故事相结合，增强了服饰的叙事性。通过具象图案，服饰不仅展现出其外在的美感，更成为历史和文化的见证者。

2. 抽象图案

抽象图案通过简化和概括的方式，创造出富有表现力的形状和色彩，强调情感与意象的传达。抽象图案在设计中常常运用几何形状、色块和线条等元素，通过简单而富有张力的图形，传递出设计者的情感和思想。相比于具象图案，抽象图案更具开放性和多义性，它不拘泥于具体形象的再现，而是通过形与色的组合，激发观者的想象和感受。这种设计手法在现代民族服饰中得到了广泛应用，特别是在强调个性和创新的设计中，抽象图案以其独特的视觉效果和深刻的象征意义，成为设计师表达创意和思想的重要手段。

抽象图案在现代设计中的应用，突破了传统元素的限制，融合多种艺术风格，展现出创新的视觉效果和设计理念。现代设计师在进行民族服饰图案设计时，往往借鉴抽象艺术的表现手法，通过色彩的对比、形状的变化和材质的创新，赋予传统服饰新的生命力。这种设计理念不仅使民族服饰在视觉上更具冲击力和吸引力，也使其在文化交流中更具包容性和开放性。通过抽象图案的创新应用，民族服饰在保留其传统价值的同时，积极融入现代设计潮流，实现了传统与现代的交融。

（五）按应用部位分类

民族服饰图案在设计中按应用部位进行分类，可分为上衣图案、下装图案和配饰图案三大类。

1. 上衣图案

上衣图案的设计通常强调视觉冲击力和文化象征性，通过独特的图案吸引目光，传达穿着者的个性与文化认同。这一类图案往往采用鲜明的色彩和复杂的几何图形，以增强视觉吸引力，同时也可能融入传统的民族符号，以体现深厚的文化底蕴。设计师在创作上衣图案时，常常需要在现代审美与传统文化之间找到平衡，使服饰既具有现代感又不失其民族特色。

2. 下装图案

民族服饰中的下装图案，作为服饰艺术的重要组成部分，不仅丰富了服饰的视觉效果，更蕴含了深厚的文化内涵与民族特色。从裤腿到裙摆，每一处图案都承载着民族的智慧与审美。在中国众多民族服饰的下装中，图案设计各具千秋。如彝族的百褶裙，其上绣满了精美的花鸟鱼虫图案，色彩鲜艳，层次分明，既展现了彝族女性对自然的热爱，也体现了她们高超的刺绣技艺。而苗族的蜡染长裙，则以蓝白两色为主，图案多为抽象的山水、动物形状，线条流畅，意境深远，透露出苗族人对和谐自然的追求。这些图案不仅具有装饰作用，更是民族身份的一种象征。

3. 配饰图案

配饰图案在民族服饰中起到点缀和提升整体造型的作用。通过细致的装饰元素和独特的设计手法，配饰图案能够增强服饰的层次感和提升服饰的文化内涵。设计师在创作配饰图案时，常常会使用传统的工艺和材料，以增加其文化价值和艺术性。这些图案不仅是服饰的点缀，还可以传递丰富的文化信息和情感表达。

在设计中，如何在功能性和美观性之间寻求平衡，是设计师面临的主要挑战。上衣图案可能更具表现力，而下装和配饰则更注重与整体服饰的协调性，以实现视觉和功能上的完美结合。

第二节　民族服饰图案的艺术特征

一、民族服饰图案的造型特征

（一）夸张与变形

夸张与变形作为民族服饰图案设计中的重要艺术手法，通过对自然形态的夸大与简化，创造出富有表现力的视觉效果。这种设计手法不仅在视觉上引人注目，还能有效传达民族文化的深刻内涵。通过夸张与变形，设计师能够在有限的图案空间中融入丰富的文化元素，使图案更具象征意义和情感表达力。这种艺术特征在民族服饰中常常表现为对自然界动植物的形态进行夸张处理，或是对几何图形进行变形，以此来传达特定的文化寓意和美学理念。

夸张与变形的运用不仅增强了民族服饰图案的情感表达，还使设计更具冲击力和吸引力，激发观者的情感共鸣。在民族服饰图案中，夸张与变形常常通过色彩的对比、线条的变化以及形态的夸大来实现。这种设计策略使得图案在视觉上更具动感和活力，能够更直接地引起观者的注意和兴趣。同时，夸张与变形的手法也为设计师提供了更多的创意空间，使他们能够在传统与现代之间找到平衡，创造出既具有民族特色又符合当代审美的作品。

夸张与变形的艺术手法使得民族服饰图案能够突破传统的限制，形成独特的风格，适应现代审美需求。通过对传统元素的重新诠释，设计师能够创造出既保留民族特色又具有现代感的图案作品。这种创新设计不仅丰富了民族服饰的视觉表达，也为其在现代时尚领域的应用提供了更多可能性。随着全球化的发展，民族服饰图案的创新设计在国际市场中也越来越受到关注，成为文化交流与传播的重要载体。

（二）简化与概括

简化与概括在民族服饰图案设计中扮演着关键角色，这一设计理念能够有效增强图案的识别度与视觉冲击力。传统民族服饰图案往往复杂多样，然而在现代设计中，简化与概括的手法使得这些复杂的图案能够以更简洁的形式呈现。这种转变不仅适应了现代审美的需求，还满足了市场对简约设计的偏好。通过这一转变，设计师能够在保留传统文化精髓的同时，使图案更具现代感和市场竞争力。

简化与概括的设计理念不仅在形式上影响民族服饰图案，还在设计效率上发挥重要作用。在数字化设计的背景下，简化与概括的应用能够显著提高设计效率，便于设计师进行快速迭代与创新。这种设计策略使得传统图案在数字平台上得以迅速传播和应用，为设计师提供了更大的创作空间和灵活性。此外，这种方法也有助于在设计过程中更好地传达民族文化的精髓，使得图案在视觉上更具文化深度与情感共鸣。

通过简化与概括，民族服饰图案不仅在视觉上更加现代化，而且在文化传播上也更具优势。这种设计手法使得图案能够跨越文化与地域的界限，增强其在全球市场中的传播性与接受度。在全球化背景下，民族服饰图案的简化与概括使其更容易被不同文化背景的消费者所接受和喜爱。这不仅促进了民族文化的全球传播，也为民族服饰图案在国际市场上的发展提供了新的可能性和机遇。这种设计策略的成功应用，显示了简化与概括在现代民族服饰图案设计中的重要性和潜力。

（三）对称与均衡

对称性不仅是一种视觉上的平衡，更是一种文化审美的和谐理念的体现。它传达出人们对美的追求，通过对称的设计手法，使得图案在视觉上呈现出一种稳定而和谐的感受。这种设计理念深深根植于民族文化之中，反映了人们对自然秩序和社会和谐的向往。在民族服饰图案中，对称设计的运用增强了图案的视觉稳定性，使服饰在穿着时更具吸引力和辨识度。这种稳定性不仅提升了服饰的美观度，还增强了其在文化传播中的识别性。

在民族服饰图案设计中，均衡布局同样不可或缺。均衡不仅涉及视觉上的对称，还包括色彩、形状、材质等多方面的协调。通过均衡布局，设计师能够有效引导观者的视线，使其自然地在图案中流动，从而提升整体的美感和艺术性。这种设计手法不仅限于传统手工艺的表现，在现代数字化设计中同样适用。数字化工具的使用，使得对称与均衡的表现手法更加灵活和创新，为民族服饰的现代化设计提供了新的可能性。

对称与均衡的元素在民族服饰图案中不仅是美学的体现，还承载着丰富的文化象征与精神内涵。对称的图案往往象征着和谐与平衡，而均衡的设计则反映了对自然与人类关系的深刻理解。在不同的民族文化中，对称与均衡的表现方式各有不同，但其核心理念却是一致的，即通过视觉的和谐美感传达深刻的文化意义。这种文化象征不仅在传统服饰中得以体现，在现代设计中同样具有重要的参考价值。

二、民族服饰图案的色彩特征

（一）色彩的象征意义

色彩承载着特定的文化信仰，常用于传达吉祥、保护或祝福的象征意义。例如，在中国传统服饰中，红色常被视为吉祥和幸福的象征，而白色则在某些文化中与纯洁和神圣相联系。这种色彩的象征意义不仅体现在服饰的设计中，也渗透到人们的日常生活和社会活动中。通过色彩，民族服饰图案不仅展现了视觉美感，还传递了深厚的文化内涵。

不同民族对色彩的偏好和使用反映了其独特的审美观念，构成了各自的文化标识。色彩选择不仅体现了民族的历史背景和自然环境，也反映出其社会价值观和生活方式的特质。色彩的运用因此成为民族服饰图案中不可或缺的文化符号。

色彩的搭配与组合在民族服饰图案中具有重要的视觉冲击力，直接影响观者的情感反应与文化认同。巧妙的色彩组合可以在视觉上产生强烈的对比效果，吸引观者的注意力，同时也能唤起特定的情感共鸣。通过色彩的运用，民族服饰图案不仅是艺术的表达，更是文化的象征与认同的载体。

特定颜色的使用在民族服饰中常与特定的节庆、仪式或社会地位相关联，增强了服饰的文化内涵。此外，某些颜色的使用也可能标志着佩戴者的社会地位或身份，成为社会结构的一部分。这种色彩与文化的紧密结合，使得民族服饰图案在社会文化中具有重要的象征意义。

（二）色彩的搭配原则

色彩不仅是视觉元素的简单组合，更是传达文化内涵和情感表达的重要媒介。在进行民族服饰图案的色彩搭配时，设计师需要充分考虑文化背景，确保所选颜色符合目标民族的传统习俗与审美偏好。这种文化敏感性不仅有助于保护和传承民族文化，还能增强服饰的文化认同感和市场接受度。在色彩搭配中，设计师需了解各民族对颜色的象征意义和禁忌，从而避免文化误解和不当使用。

采用对比色和互补色的搭配原则是增强图案视觉冲击力和吸引力的有效策略。对比色能够在视觉上形成强烈的反差，吸引观者的注意力，而互补色则可以在视觉上形成和谐的对比，提升图案的整体美感。在民族服饰图案中，合理运用这些色彩搭配原则，不仅能突出图案的主题，还能丰富图案的视觉层次感，使其更具艺术感染力。设计师在实践中应灵活掌握这些原则，以创造出既具传统韵味又富有现代感的作品。

在色彩搭配中，色彩的饱和度与明度变化同样值得关注。通过调整色彩的饱和度，可以有效地控制图案的视觉强度，而明度的变化则能够创造出层次感和丰富的视觉效果。民族服饰图案常常通过明亮的色彩和细腻的层次变化来表现其独特的艺术风格。设计师在进行数字化设计时，可以利用色彩软件工具对色彩的饱和度和明度进行实时调整，从而优化设计效果，满足不同用户的审美需求。

结合色彩心理学，选择能够引发特定情感反应的色彩组合，是增强服饰情感表达的重要方法。不同的颜色能够唤起人们不同的情感反应，如红色常被用来传达热情和活力，而蓝色则常与宁静和理智相联系。在民族服饰图案设计中，设计师可以通过色彩的巧妙运用，来传递特定的文化情感和精神内涵。通过色彩心理学的指导，设计师能够更好地实现服饰图案的情感表达，增加其文化感染力。

三、民族服饰图案的构图与布局

（一）构图原则与技巧

掌握民族服饰图案的构图原则与技巧，才能提升其艺术表现力。在设计过程中，构图应注重视觉中心的设置，这是通过合理安排主要图案元素来实现的。视觉中心的设置能够使观者的视线自然聚焦于设计的核心部分，从而提升图案的视觉冲击力和感染力。设计师在进行图案创作时，需要根据不同的文化背景和审美需求，选择适合的视觉中心位置，确保图案的主题能够被清晰地传达给观众。

在布局中，运用黄金分割和三分法则是提升整体图案和谐美感的重要策略。这些经典的构图法能够帮助设计师在图案元素的安排中找到平衡点，使设计更具吸引力和艺术性。黄金分割和三分法则不仅可以用于图案元素的排列，还可以用于色彩的分布和线条的走向，从而在整体上营造出一种自然的美感和秩序感。这种和谐美感是民族服饰图案在视觉上吸引观者的关键因素之一。

在民族服饰图案的设计中，考虑图案元素之间的空间关系尤为重要。合理安排元素的间距与对称性，不仅能够增强图案的视觉层次感，还能够创造出动态效果，使图案更加生动和富有变化。设计师需要在创作过程中对元素的大小、位置和方向进行精细调整，以确保每个元素都能在整体设计中发挥其应有的作用，从而实现图案的整体协调和统一。

利用对比与重复的构图技巧，是强化设计表现力和文化传递效果的有效方法。通过色彩、形状或纹理的对比，可以突出图案的重点部分，增强视觉冲击力。同时，适度的重复能够在图案中形成节奏感和韵律感，使设计更具连贯性和整体性。这种构图技巧不仅提升了图案的艺术表现力，也为文化内涵的传递提供了有力的支持，使得民族服饰图案在现代设计中焕发出新的生命力。

（二）布局风格与特点

通过对图案元素的排列与组合，设计师能够传达特定文化的审美观念与价值取向。这种布局不是对传统图案的简单复制，而是通过创新的方式将传统元素与现代设计理念相结合，使其在保留传统美学的同时，更具时代感。布局风格的设计需要深刻理解民族文化的内涵，将其核心元素提炼出来，并通过巧妙的组合与排列，形成具有独特韵味的图案布局。

在布局风格的设计中，设计师常常运用对称与非对称的设计手法，以创造出视觉上的平衡与动感。对称布局通常给人以稳定和庄重的感觉，而非对称布局则更具活力和变化，能够增强观者的视觉体验与情感共鸣。通过对称与非对称的巧妙结合，设计师能够在图案中创造出一种张弛有度的视觉效果，使观者在欣赏图案时能够感受到一种动态的平衡。这种视觉上的平衡感不仅提升了图案的美感，同时也传达了民族文化中关于和谐与平衡的哲学思想。

在民族服饰图案的布局风格中，强调图案元素之间的层次关系是非常重要的。设计师通过前景与背景的对比，能够提升整体设计的深度与立体感。这种层次感的营造，不仅使图案更加生动和富有表现力，也增加了观者的视觉兴趣。通过对色彩、形状和线条的巧妙运用，设计师能够在二维的平面上创造出三维的视觉效果，使观者在欣赏图案时能够感受到一种空间的延展性，这种设计手法在增强图案的视觉冲击力的同时，也丰富了民族服饰图案的艺术表现力。

四、民族服饰图案的纹样构成

（一）单独纹样

单独纹样是指在民族服饰设计中，能够独立存在并传达特定文化信息的图案元素。作为一种重要的设计元素，单独纹样不仅在视觉上具有独立性和完整性，还在民族服饰的整体设计中扮演着关键角色。这些纹样通常源于特定民族的文化符号、自然景观或神话传说，具有鲜明的地域特色和文化内涵。它们通过形态、色彩和结构的独特组合，传达出丰富的民族情感和文化记忆。单独纹样的独特性使其在服饰设计中成为不可或缺的元素，赋予服饰以独特的个性和文化深度。

在民族服饰中，单独纹样不仅是装饰元素，更是文化象征的载体。每一个纹样都蕴含着深厚的历史背景和文化意义，代表着特定民族的价值观、信仰和传统。例如，中国的龙纹象征着权威和吉祥，而印第安人的羽毛图案则传递着对自然的崇敬与和谐。这些纹样通过服饰传播，成为民族身份认同的重要标志，增强了群体的凝聚力与文化自豪感。单独纹样在文化交流中起到了桥梁作用，使不同文化之间能够通过视觉艺术进行深层次的沟通与理解。

单独纹样的创作需要设计师具备深厚的艺术功底和独特的创意能力。在设计过程中，设计师通常会从历史文献、民间传说和自然景观中汲取灵感，结合现代艺术手法进行创新。常用的创作技巧包括对称构图、色彩对比和形态变异等，通过这些技巧，设计师能够创造出既具有传统风韵又富有现代美感的纹样。此外，数字化技术的应用也为纹样的创作提供了更多可能性，使设计师能够更为精准地控制纹样的细节与效果，提升了创作的效率与品质。

（二）适合纹样

适合纹样的设计原则不仅需要关注文化符号的准确传达，还需确保图案能够真实反映特定民族的历史与价值观。民族服饰图案作为文化的载体，承载着丰富的历史记忆和社会意义。因此，在适合纹样的设计过程中，设计师必须深入理解和尊重每一个图案背后的文化内涵，以避免文化误读或误用。通过对文化符号的精准运用，适合纹样不仅能够展现民族的独特性，还能够在全球化的语境中增强民族自豪感与文化认同。

适合纹样的构成要素通常强调与自然环境的关系，这种关系通过使用当地的动植物元素得以体现。自然环境是民族文化的重要组成部分，许多民族的服饰图案都以自然为灵感来源。通过将当地特有的动植物元素融入图案设计中，适合纹样能够增强其地域性特征，使其更具识别性与文化意义。这种设计策略不仅丰富了图案的视觉效果，还在一定程度上促进了对自然的保护意识，提醒人们珍视与自然的和谐共生。

在适合纹样的色彩运用上，设计师应结合民族的传统色彩偏好，以确保设计能够引发特定的情感共鸣与文化认同。色彩在民族服饰中具有象征意义，不同的颜色往往代表着不同的情感和文化内涵。通过对传统色彩的巧妙运用，适合纹样能够在视觉上引发观者的情感共鸣，从而增强其文化认同感。设计师在进行色彩选择时，需要对民族文化有深刻的理解，以确保色彩的使用能够真正反映出民族的内在精神和价值观。

适合纹样的应用场景应多样化，设计师需考虑其在服饰、家居及其他产品中的适用性与功能性。随着生活方式的多样化，适合纹样的应用不再仅限于传统服饰，而是逐渐扩展到家居装饰、日常用品等多个领域。这要求设计师在进行纹样设计时，考虑到不同产品的特性与使用场景，以确保纹样的美观性与实用性兼具。通过多样化的应用，适合纹样不仅能融入现代生活，还能在更广泛的范围内传播民族文化。

（三）连续纹样

连续纹样指的是在图案设计中，通过重复相同或相似的元素，形成一种连续的视觉效果。连续纹样的特点在于图案元素的重复与延续。这种纹样通过不断地重复相同或相似的图案元素，形成一种连贯的视觉效果，给人以和谐、统一的美感。其独特性在于能够在有限的空间内创造出无限延展的视觉感受，这种特性在民族服饰图案中尤为突出。连续纹样不仅强调了图案的美学价值，还通过其重复性和节奏感增强了视觉的连贯性和吸引力。这种设计方式使得民族服饰不仅具有装饰性，还能传达出深刻的文化内涵和艺术价值。

在设计连续纹样时，首先需要考虑的是元素的重复性与节奏感。这种重复性不是简单的复制，而是要在重复中找到变化与节奏，使得图案在整体上具有统一性和连贯性。设计师需要通过对元素的排列、间距和方向的精细调整，来创造出和谐的视觉效果。此外，节奏感的把握也是连续纹样设计的关键，它能够使图案在视觉上更加富有动感和吸引力，增强其艺术表现力。

五、民族服饰图案的装饰性特征

（一）图案的装饰部位与效果

图案的装饰部位选择直接影响服饰的整体视觉效果。上衣、下装和配饰图案的不同设计理念各具特色，上衣通常强调胸部和肩部的装饰，以增强视觉中心的吸引力；下装则可能通过裙摆或裤腿的图案设计，展现出动态美感；而配饰如腰带、帽子等，则通过图案的精致设计，起到点缀和呼应的作用。这些设计理念不仅体现了设计师的创造力，还反映了不同民族在服饰文化中的独特审美观。

装饰部位的选择不仅影响视觉效果，还决定了所需材料和工艺的选择。不同部位的图案需要使用不同的材料和工艺，以实现预期的质感和触感。例如，上衣的图案可能需要采用刺绣或印染工艺，以展现细腻的纹理和丰富的色彩；而下装的图案则可能通过织锦或缝纫技术，增强其立体感和层次感。材料和工艺的选择不仅影响图案的视觉表现，还决定了服饰的耐用性和舒适性，这需要在民族服饰的实用性和艺术性之间取得平衡。

装饰部位在文化表达中具有重要意义，通过图案传达特定的民族文化与价值观是民族服饰设计的核心。装饰图案往往蕴含着丰富的文化内涵和历史背景，其设计灵感来源于自然、宗教、历史事件等。通过对装饰部位的巧妙运用，设计师能够将这些文化元素和价值观融入服饰中，使穿着者在日常生活中感受到民族文化的魅力。这种文化表达不仅增强了服饰的艺术价值，还促进了民族文化的传承与传播。

装饰效果的多样性是民族服饰图案设计的一大特点。图案在不同部位的应用，不仅影响穿着者的身份认同，还展示了其个性特征。不同的装饰部位和图案组合可以创造出多样的视觉效果，从而满足不同场合和个人风格的需求。例如，在正式场合，精致的图案装饰可以提升穿着者的庄重感；而在休闲场合，简约而富有趣味的图案则可以增强亲和力和个性化表达。通过对装饰效果的探索，民族服饰图案设计不断提升现代时尚的多样性。

（二）装饰性图案的形式美法则

形式美法则不仅关乎视觉的愉悦，更关乎文化内涵的传达。民族服饰的装饰性图案通过形式美法则，展现出一种独特的审美价值，这种价值不仅体现在图案的视觉效果上，也体现在其文化意义和历史传承中。形式美法则在装饰性图案中表现为对称性、层次感、色彩和形状的和谐搭配，以及功能性与美观性的结合等方面，这些法则共同构成了民族服饰图案的美学基础。

对称性是装饰性图案形式美法则的重要方面之一。对称性设计通过平衡和稳定的视觉效果，使得民族服饰在视觉上更具吸引力和文化辨识度。在许多民族服饰中，对称性不仅是美学上的选择，更是文化符号的体现。对称性原则使图案在视觉上产生一种稳定感和和谐感，这种稳定感不仅提升了服饰的美观性，还增强了其文化内涵的表达。通过对称性设计，民族服饰图案能够在视觉上传达出一种平衡与和谐的美感，增强了其在文化传播中的影响力。

层次感构建是装饰性图案形式美法则的又一重要方面。通过合理的元素排列和色彩搭配，层次感的构建提升了整体设计的深度和艺术性。在民族服饰中，层次感不仅是视觉上的层次表现，更是文化内涵的多层次表达。这种层次感通过色彩的深浅变化、图案元素的大小对比以及排列组合的多样性得以实现。层次感的构建使得民族服饰图案在视觉上更具立体感和层次感，增强了其艺术表现力和文化传达力。

装饰性图案的色彩和形状的和谐搭配是实现视觉统一和美感的重要手段。色彩之间的互补关系在民族服饰中尤为重要，通过色彩的对比与调和，图案在视觉上呈现出一种和谐美。这种和谐美不仅是视觉上的愉悦，更是文化内涵的表达。色彩和形状的和谐搭配使得民族服饰图案在视觉上更具吸引力，同时也增强了其文化辨识度和艺术表现力。

功能性与美观性的结合是装饰性图案形式美法则的最终体现。在民族服饰中，图案不仅是装饰性的存在，更是功能性的体现。通过将美学要求与实用性和舒适性相结合，民族服饰图案在实际应用中既满足了视觉美感，又具备了实用价值。这种功能性与美观性的结合使得民族服饰图案在现代设计中具有重要的参考价值和应用前景，为民族服饰的创新设计提供了丰富的灵感和素材。

第三节　民族服饰图案的制作工艺

一、刺绣工艺

（一）刺绣的种类与特点

刺绣的种类繁多，主要包括平绣、立体绣和贴绣等，每一种刺绣技法都具有独特的工艺特点和艺术效果。平绣通常以细腻的针法和均匀的线条为特点，适合表现精细的图案和纹样；立体绣则通过多层次的线材叠加，营造出丰富的立体效果，增强视觉冲击力；贴绣则通过将不同材质的布料或装饰物贴附于基底上，形成鲜明的对比和层次感。这些刺绣种类不仅在技法上各具特色，而且能够满足不同设计需求和文化表达的多样性。

刺绣工艺的特点在于其精细的技法和丰富的色彩运用，这使得每一件刺绣作品都成为独特的艺术品。刺绣的精细工艺要求制作者在针法、线材选择和色彩搭配上具有高度的专业技巧和审美能力。通过精心的设计和制作，刺绣作品能够展现出深厚的文化内涵和艺术风格。色彩在刺绣中扮演着重要角色，不同的颜色组合和搭配不仅增强了视觉效果，还传达了特定的情感和象征意义。

在民族服饰中，刺绣的应用不仅限于装饰功能，还常常承载着特定的象征意义。刺绣图案往往反映了民族的信仰、价值观和生活方式。例如，一些民族的刺绣图案中常常出现宗教符号、自然景观或历史事件，这些图案不仅美观，而且具有深刻的文化内涵。通过刺绣，民族服饰成为文化传承的重要载体，能够在视觉上和情感上与观者产生共鸣。

（二）刺绣的针法与技巧

刺绣针法的基本分类包括平针、回针、锁针等，每种针法在图案表现和质感上具有独特的效果。平针以其简洁流畅的线条常用于大面积的填充和轮廓勾勒，能够突出图案的平面效果；回针则以其细腻的针脚和层次感用于表现细节和阴影，赋予图案更为丰富的层次；锁针则因其牢固性和立体感常用于边缘的收尾和立体装饰。这些针法的运用不仅体现了刺绣技艺的精湛，也展示了不同民族在服饰图案设计上的独特审美观。

刺绣的技巧不仅体现在针法的选择上，还包括细节处理等多方面考量。线材的选择直接影响刺绣图案的质感与色彩表现。丝线、棉线、金银线等不同材质的线材在光泽、柔韧性和色彩饱和度上各有千秋，需根据图案的设计需求进行合理搭配。布料的选择同样重要，棉布、丝绸、麻布等不同材质的布料在针脚的表现力和图案的整体效果上有显著差异。通过不同技法的组合，刺绣师可以在图案中创造出丰富的层次感与立体感，使图案更具视觉冲击力和艺术感染力。

色彩运用在刺绣工艺中扮演着至关重要的角色。色彩的搭配与渐变效果不仅提升了图案的视觉冲击力，也增强了其文化表达。传统民族刺绣常通过色彩的对比与协调来表达特定的文化象征意义。例如，红色象征着喜庆与生命力，蓝色则代表着宁静与智慧。在刺绣过程中，通过色彩的渐变与过渡，可以创造出丰富的视觉层次，使图案更具动感与活力。色彩的运用不仅是视觉上的享受，更是文化内涵的传递。

刺绣过程中常用的装饰性技巧，如缝合、拼贴等，为民族服饰图案增添了独特的艺术风格与文化内涵。缝合技法可用于连接不同的刺绣片段，形成完整的图案，或是在图案的边缘进行装饰性处理，使其更为精致。拼贴技法则通过不同材质、不同颜色布料的组合，创造出层次丰富、色彩斑斓的图案效果。这些装饰性技巧不仅提升了刺绣图案的美观性，也使其更具文化深度与艺术价值。在民族服饰中，这些装饰性元素常常承载着特定的文化意义，体现了不同民族的历史传统与审美趣味。

二、印染工艺

（一）传统印染方法

1. 扎染

扎染是一种通过将布料捆绑、折叠或缝合后进行染色的传统印染方法，形成独特的图案和色彩效果。扎染的过程充满了创意和巧思，艺术家通过不同的捆绑和折叠方式，使得染料在布料上呈现出意想不到的效果。色彩的渗透与交融，形成了丰富多变的视觉图案，这不仅仅是一种技艺，更是一种文化的表达。扎染在中国有着悠久的历史，在不同的民族和地区，扎染的技法和风格各异，但都承载着对自然和生活的热爱与理解。扎染作品常常被用来制作服装、饰品及家居用品，成为人们日常生活中不可或缺的一部分。

2. 蜡染

蜡染采用蜡作为防染剂，通过在布料上涂抹蜡，形成图案后再进行染色，蜡的部分保持原色，展现出鲜明的对比效果。这种技法在印尼、非洲等地也有类似的应用，但在中国的民族地区，它被赋予了更多的文化内涵。在蜡染的过程中，手工艺者需要精准地掌握蜡的温度和涂抹的技巧，以确保图案的清晰和色彩的稳定。蜡染不仅仅是一种工艺，更是一种艺术创作的过程，手工艺者通过蜡染表达对自然、生命的理解和对美的追求。蜡染作品丰富多彩，常用于民族服饰、节庆装饰等，体现了浓郁的民族特色和文化底蕴。

3. 蓝印花布印染

蓝印花布是一种以蓝色为主的印染布料，通常使用植物染料，通过简单的印刷技术形成具有民族特色的图案，广泛应用于服饰和家居装饰。蓝印花布在中国南方地区尤为常见，因其色泽纯正、图案简洁而受到喜爱。传统的蓝印花布在制作过程中，天然植物染料的使用不仅环保，还赋予了布料独特的质感和色彩。蓝印花布的图案多取材于自然，花鸟虫鱼、山水云霞皆可入画，体现了人与自然和谐共生的理念。如今，蓝印花布不仅在传统服饰中广泛使用，还被现代设计师用于时尚设计，成为传统与现代结合的典范。

传统印染方法在民族服饰设计中不仅具有实用性，还承载着丰富的文化内涵，成为传递民族身份和文化认同的重要手段。无论是扎染、蜡染，还是蓝印花布印染，这些传统工艺都体现了民族的智慧和创造力。它们不仅是技艺的传承，更是文化的延续。在现代社会中，传统印染工艺面临着传承与创新的挑战。通过对传统工艺的研究和创新设计，民族服饰图案得以在新的时代背景下焕发活力，继续承载和传递着丰富的文化内涵和民族精神。这种文化记忆的延续，不仅增强了民族的文化认同感，也为全球化背景下的文化多样性贡献了一分力量。

（二）现代印染技术的应用

随着科技的发展，传统工艺与现代技术的结合使得民族服饰图案的制作更加高效和多样化。通过计算机辅助设计（CAD）软件，设计师能够实现图案的精准绘制与样式调整。这种数字化处理不仅提高了设计效率，还增强了设计的灵活性，使得设计师能迅速响应市场需求和消费者的偏好变化。CAD 软件的应用使得设计师在短时间内完成复杂图案的设计成为可能，为民族服饰图案的创新提供了广阔的空间。

数字喷墨印染技术的引入，使得在多种材质上实现高质量的图案印刷成为现实。这种技术能够满足个性化定制需求，适应市场多样化趋势。通过数字喷墨印染，设计师可以在棉、丝绸、麻等不同材质上进行印染，确保色彩的鲜艳和图案的清晰。这种技术不仅提高了生产效率，还降低了生产成本，满足了消费者对个性化和多样化产品的需求。数字喷墨印染的灵活性和高效性，使得民族服饰图案的制作更具竞争力。

激光切割与雕刻技术的应用，为印染图案增添了层次感与立体效果。这种技术通过精确的切割和雕刻，能够在织物上创造出独特的纹理和立体感，增强了民族服饰的视觉冲击力和艺术表现力。激光技术的高精度和高效率，使得复杂图案的制作变得更加简单和快速。这种技术的应用不仅提升了民族服饰的艺术价值，还为设计师提供了更多的创作空间，推动了民族服饰图案的创新与发展。

结合环保型染料和可持续发展理念的现代印染技术，正在改变民族服饰图案的生产方式。现代印染技术在生产过程中减少了对环境的影响，推动了民族服饰图案的绿色设计与传播。采用环保型染料，不仅降低了对环境的污染，还保护了工人的健康。这种绿色生产理念符合全球可持续发展的趋势，为民族服饰产业的可持续发展提供了新的方向。通过减少资源消耗和污染排放，现代印染技术为民族服饰的可持续设计提供了有力支持。

三、编织工艺

（一）编织的材料与工具

1. 编织材料的选择

编织材料的选择直接影响到服饰的触感、外观以及整体的艺术效果。传统上，棉、麻、丝等天然纤维被广泛应用于编织工艺中。棉质材料以其柔软的触感和良好的透气性著称，适合制作贴身服饰；麻则以其粗犷的质感和耐用性而被用于制作外套和装饰性较强的服饰；丝绸因其光滑的表面和高贵的光泽被大量用于正式场合的服饰制作。这些材料不仅在触感上各具特色，在视觉效果上也各有千秋，对最终图案的呈现效果产生深远影响。

编织材料的选择直接关系到民族服饰图案的最终呈现效果。棉纤维因其具有良好的吸湿性和柔软性，常用于制作舒适性要求高的服饰，其图案通常显得自然、朴素。麻纤维则以其坚韧和耐磨性见长，适合用于需要较高耐用性的服装，图案表现出一种古朴的美感。丝绸材料因其细腻和光泽性，被广泛应用于高档服饰，其图案效果通常显得华丽且富有动感。不同材料在触感和外观上的差异，直接影响着服饰图案的视觉表现力和服饰的整体风格。

2. 编织工具的选择与使用

传统的织机和梭子在手工编织中发挥了重要作用，它们能够实现复杂的图案编织，但效率相对较低。现代电动织机的出现，则极大地提高了编织效率，并且在精细化和复杂图案的实现上提供了更多的可能。现代工具的应用不仅提高了生产效率，还为设计师在图案设计中提供了更大的自由度，使得传统与现代在编织工艺中得以融合。

编织工艺中的技术要素对民族服饰图案的最终效果有着决定性的影响。织法的选择直接关系到织物的结构和质感，不同的织法可以产生不同的纹理和图案效果。织物密度则影响着服饰的厚重感和保暖性，高密度的织物通常更为紧实且保暖，而低密度的织物则更为轻盈透气。在图案设计方面，复杂的图案需要更精细的织法和更高的密度来实现，这对编织工艺提出了更高的要求。通过对这些技术要素的精细控制，设计师能够创造出具有独特艺术价值和文化内涵的民族服饰图案。

3. 编织材料与工具的创新应用

随着科技的发展，编织材料和工具的创新应用为民族服饰图案设计带来了新的机遇和挑战。新型环保纤维的引入，使得服饰设计在满足美观和实用性的同时，也更加注重环保和可持续发展。数字织机作为现代工具的代表，能够实现更加复杂和精细的图案设计，并且在生产过程中更为高效和灵活。这些新材料和新工具的应用，不仅丰富了民族服饰图案的设计语言，也为其在现代社会中的传播和应用提供了新的可能性。通过对这些创新元素的探索，民族服饰图案设计在保持传统文化底蕴的同时，焕发出新的活力。

（二）编织图案的形成与特点

编织图案的形成过程涉及多种编织技法，如平纹、斜纹和缎纹等，这些技法在图案的视觉效果和质感上起着至关重要的作用。平纹以其简洁的结构和均匀的表面效果被广泛应用，而斜纹则以其独特的纹理和立体感见长，缎纹则以光滑和细腻的质感著称。这些技法的综合运用使得编织图案在视觉呈现上具有丰富的层次感和多样性，为民族服饰增添了独特的魅力。

在编织图案的设计过程中，图案的重复性和整体性是设计师必须考虑的重要因素。图案的重复性确保了在织造过程中图案的连贯性，而整体性则保证了图案在视觉上的完整和协调。这种设计理念不仅体现在图案的形态上，也反映在色彩的运用上。设计师在规划图案时，常常需要精确计算每个图案单元的大小和排列方式，以确保最终成品的和谐美感和视觉冲击力。

色彩的选择与搭配在编织图案的设计中至关重要。合理的色彩组合不仅能增强图案的视觉冲击力，还能有效表达民族文化的内涵。在色彩选择上，设计师常常借鉴传统的色彩搭配方案，同时结合现代的审美趋势，以创造出既具传统韵味又不失现代感的图案作品。色彩的运用不仅仅是视觉的享受，更是文化的传递和情感的表达，使得每一件民族服饰都成为一件艺术品。

四、贴布绣工艺

（一）贴布绣的材料与制作方法

贴布绣的材料通常包括棉布、丝绸和麻布等，这些材料因其各自的质地与色泽特点，能够为贴布绣作品带来不同的视觉体验和触感。棉布柔软且易于染色，适合表现细腻的图案细节；丝绸光泽度高，能够提升作品的华贵感；麻布则以其粗犷质感，常用于表现民族风情浓郁的图案。在制作方法上，贴布绣需要将选定的布料剪裁成特定形状，然后通过缝合或粘合的方式固定在底布上，这一过程不仅考验工艺师的手工技巧，也要求对图案的整体布局有精准的把握。

贴布绣的装饰性元素在工艺过程中扮演着重要角色，通过不同的针法和线材，能够增强图案的立体感与艺术性。常用的针法包括平针、锁针和链针等，每种针法都能赋予图案不同的纹理效果。选择合适的线材同样关键，丝线、棉线和金银线等各有其独特的表现力：丝线光滑细腻，适合表现精致的图案细节；棉线则因其柔软性，常用于表现自然流畅的线条；金银线则能为图案增添奢华感和立体感。通过这些装饰性元素的精心组合，贴布绣不再是简单的布料拼接，而是成为具有高度艺术价值的民族服饰图案。

贴布绣的色彩运用需要特别注意与整体设计的协调性，确保色彩搭配能够传达特定的文化内涵与情感。色彩在贴布绣中不仅仅是视觉元素，更是文化符号的载体。不同的民族在贴布绣中常常采用其传统的色彩组合，以传达其独特的文化内涵。例如，红色在许多民族中象征着喜庆与热情，而蓝色则常常代表宁静与智慧。在设计过程中，色彩的选择不仅要符合民族传统，还需考虑与服饰整体风格的协调，以确保最终作品能够完美呈现设计者的创意意图和文化表达。

（二）贴布绣图案的效果与应用

贴布绣的立体感是其最为显著的特点之一，这种立体感主要通过多层布料的叠加与精细缝合实现。不同颜色和质地的布料相互交织，创造出丰富的层次感，使得服饰不仅在视觉上更具吸引力，而且在触感上也更加生动。这种立体效果不仅增强了服饰的艺术性，还赋予其独特的个性化特征，能够在众多服饰中脱颖而出，满足穿着者对个性表达的需求。

贴布绣在民族服饰中的应用广泛且深远，它能够有效传达特定的文化符号和象征意义。每一个贴布绣图案都可能承载着一个民族的历史故事或文化传说，对这些图案的设计与组合，让穿着者能够在日常生活中展现出对本民族文化的认同与自豪。这种文化符号的传递不仅仅是视觉上的享受，更是一种精神上的交流和共鸣。在现代社会中，随着全球化进程的加快，贴布绣作为一种文化载体，能够帮助人们在多元文化中找到自己的文化根基。

贴布绣工艺的灵活性使其能够与现代设计理念相结合，创造出符合当代审美的创新作品。设计师可以利用贴布绣的多样性和可塑性，将传统元素与现代设计风格巧妙融合，形成独特的视觉效果。这种结合不仅满足了市场对新颖设计的需求，也为传统工艺注入了新的生命力，使其在现代时尚潮流中占据一席之地。通过这种创新，贴布绣不仅保留了传统工艺的精髓，还推动了其在现代服饰设计中的应用与发展。

五、镶嵌工艺

（一）镶嵌的材料与工艺

民族服饰中的镶嵌工艺是将各种材料嵌入织物或其他基底上，以形成具有视觉和触觉双重效果的图案。镶嵌材料的选择多种多样，包括天然宝石、金属片、玻璃和塑料等。这些材料在视觉效果和触感上存在显著差异。天然宝石常用于高档服饰，其自然色泽和光泽赋予服饰高贵典雅的气质；金属片则以其反光特性，增添服饰的现代感和科技感；玻璃和塑料则以其轻盈和易于加工的特点，被广泛应用于日常服饰中。这些材料的多样性不仅丰富了民族服饰的表现形式，也为设计师提供了广阔的创作空间。

镶嵌工艺的基本步骤包括设计图案、准备材料、固定镶嵌物以及最后的整理与打磨。首先，设计师根据服饰的整体风格和主题，绘制出镶嵌图案的设计草图。其次，选择合适的镶嵌材料并进行切割和打磨，以确保其与设计图案的完美契合。再次，在固定镶嵌物的过程中使用特殊的黏合剂或金属丝，将材料牢固地固定在基底上。最后，通过细致的整理与打磨，确保镶嵌作品的完整性与美观性。这一系列步骤不仅需要设计师的艺术眼光，还需要工匠的精湛技艺，以实现设计与工艺的完美结合。

随着科技的进步，镶嵌技术的创新应用也在不断发展。现代技术如激光切割技术的引入，大大提升了镶嵌工艺的精确度和效率。激光切割能够实现对镶嵌材料的精细加工，确保每一块材料的尺寸和形状都与设计图案完美匹配。此外，计算机辅助设计（CAD）技术的应用，使得设计师可以在数字平台上进行复杂图案的设计和模拟，从而减少材料浪费和工艺误差。这些现代技术的应用，不仅提升了传统镶嵌工艺的水平，也为民族服饰的创新设计提供了新的可能性。

（二）镶嵌图案的装饰效果

镶嵌图案在民族服饰中具有重要的装饰效果，通过不同材料的组合，能够创造出丰富的视觉层次感，增强服饰的艺术表现力。这种工艺不是对材料的简单叠加，而是通过精心设计和巧妙搭配，使得每一件作品都具有独特的视觉魅力。镶嵌工艺的应用能够使服饰在视觉上呈现出深邃的层次感，仿佛在平面上构建出立体的艺术效果。这种视觉层次感不仅提升了服饰的美观度，还为穿着者提供了更多的文化内涵与艺术享受。

镶嵌工艺的多样性使得图案在色彩和形状上具备独特的装饰效果，能够吸引观者的目光并传达文化信息。不同的材料、颜色和形状的组合，使得每一件镶嵌作品都如同一幅丰富多彩的画作，蕴含着深厚的文化底蕴。镶嵌工艺不仅仅是对传统图案的再现，更是对传统文化的传承与创新。通过色彩的对比与协调、形状的变化与组合，镶嵌图案能够在服饰中展现出一种独特的艺术魅力，使其成为民族文化的视觉符号。

镶嵌图案在民族服饰中常作为身份和地位的象征，通过精致的装饰提升穿着者的社会认同感。在许多民族中，镶嵌工艺不仅是一种装饰手段，更是一种身份的象征。不同的图案和材料常常代表着不同的社会地位和文化背景，使得镶嵌图案成为一种无声的语言，传达着穿着者的身份信息。这种装饰效果不仅提升了服饰的美感，还在一定程度上增强了穿着者的自信心和社会认同感。

镶嵌图案的设计灵活性允许与现代设计理念相结合，创造出兼具传统与现代美感的创新作品。随着时代的发展，镶嵌工艺不断与现代设计理念融合，形成了既具传统韵味又符合现代审美的作品。这种结合不仅丰富了民族服饰的设计语言，也为镶嵌工艺的传承与发展提供了新的方向。通过现代设计的视角重新审视传统工艺，镶嵌图案在当代服饰设计中焕发出新的生机，成为传统与现代交融的艺术结晶。

六、其他工艺

（一）手绘在民族服饰图案中的应用

手绘作为民族服饰图案设计的重要表现形式，能够展现出设计师对文化元素的独特理解与个人风格。在手绘过程中，设计师通过对传统文化符号的再解读，将个人的艺术审美融入其中，创造出既具有传统韵味又不失现代感的作品。这种独特的艺术表现形式，使得民族服饰图案在全球化的背景下，仍然能够保持其文化的独特性与艺术的生命力。

手绘技法在民族服饰图案中的应用，能够实现复杂细致的图案表现，增强视觉吸引力和艺术性。通过手绘，设计师可以在服饰上呈现出细腻的线条、丰富的色彩层次和复杂的图案结构。这种复杂的表现方式，不仅提升了服饰的艺术价值，也使得穿着者能够感受到民族文化的深厚底蕴。手绘技法的细致入微，为民族服饰赋予了更强的视觉冲击力，使其在现代时尚舞台上绽放出独特的光彩。

手绘图案可以通过丰富的色彩和线条变化，传达特定的情感与文化内涵，提升服饰的文化价值。每一幅手绘图案都蕴含着设计师对文化的理解和情感的表达。通过色彩的搭配和线条的流动，手绘作品能够传递出特定的情感，如喜悦、庄重或神秘。同时，这些图案也承载着特定的文化内涵，如历史故事、民族传说或宗教信仰等。这种情感与文化的双重表达，使得民族服饰不仅仅是穿着的物品，更是文化的象征。

手绘在民族服饰图案中的应用，能够与数字化技术相结合，实现传统手法与现代设计理念的融合。通过数字化技术，设计师可以将手绘图案进行数字化处理，使其在不同的材质和服饰款式中得以应用。这种结合不仅扩宽了手绘图案的应用范围，也为传统手绘技法注入了新的活力。数字化技术的引入，使得手绘图案在保持传统工艺魅力的同时，能够适应现代市场的需求，成为民族服饰图案设计创新的重要途径。

（二）烫金、烫银工艺的应用

烫金、烫银工艺通过在织物表面附着一层金属薄膜，赋予服饰图案以独特的光泽和质感，增强了民族服饰的视觉吸引力。烫金、烫银工艺的应用不仅提升了服饰的装饰效果，还彰显了民族文化的独特魅力。烫金、烫银工艺在不同文化背景下的应用各具特色，其在民族服饰中的运用更是体现了历史背景下的艺术融合。

烫金、烫银工艺的基本原理是利用热压技术将金属箔黏附于织物表面。具体流程包括设计图案、选择合适的金属箔、热压以及后续的处理步骤。该工艺对温度、压力和时间的控制要求极高，以确保金属箔的牢固附着和图案的清晰度。尽管工艺流程看似简单，但在实际操作中仍需考虑多种因素，如织物的材质、厚度等，以达到最佳效果。这一工艺的历史演进也体现了技术与艺术的不断融合。

在民族服饰中，烫金、烫银工艺不仅提升了图案的装饰效果，还带来了强烈的视觉冲击力。金属箔的反光特性使得服饰在光线下呈现出不同的视觉效果，增强了服饰的立体感和层次感。这种视觉冲击力不仅吸引了观者的目光，也为民族服饰赋予了现代时尚感，使其成为传统与现代结合的典范。这种效果在国内外差异中也表现得尤为突出。

烫金、烫银工艺对材料选择有着重要影响。不同的材料对金属箔的附着力和耐久性有不同要求，因此在选择材料时需特别注意。通常，合成纤维和天然纤维的结合能够提供更好的附着效果和使用寿命。在材料的选择过程中，工艺师需要综合考虑服饰的使用场合和耐磨性，以确保最终产品的质量。同时，材料选择也直接影响着工艺的成本和市场定位。

（三）珠绣、亮片绣的工艺特点

珠绣工艺通过将珠子巧妙地缝制在布料上，形成精致的图案和纹样，不仅增加了服饰的立体感和光泽，还使其在视觉上更具吸引力。这种工艺要求设计师在选择珠子时考虑其颜色、大小和形状，以实现最佳的视觉效果。此外，珠绣工艺还需确保珠子的排列和缝合的紧密程度，以保证图案的稳定性和耐用性。珠绣工艺在民族服饰中常与其他传统元素相结合，呈现出丰富多样的文化内涵。

在亮片绣的制作过程中，亮片的排列与缝合方式是决定其视觉效果的关键因素。通过不同的排列方式，亮片可以形成多样的光影效果，增强服饰的动感与活力。亮片的选择同样需要考虑到其颜色、形状和大小，以便在设计中实现丰富的层次感和细腻的光影变化。亮片绣的工艺不仅考验设计师的审美能力，还需要高度的手工技艺，以确保每一片亮片都能在服饰上完美呈现。亮片绣在现代服饰设计中，常常被用于强调服饰的个性化风格，满足消费者对时尚和独特性的追求。

珠绣与亮片绣的材料选择多样化，为设计师提供了广阔的创意空间。不同颜色、形状及大小的珠子和亮片，可以通过不同的组合方式，创造出独特的设计效果。这种多样性不仅体现在视觉效果上，也在一定程度上影响着服饰的文化表达和艺术价值。设计师在进行珠绣和亮片绣设计时，需综合考虑材料的特性和设计的整体风格，以实现最佳的装饰效果和文化表达。

珠绣和亮片绣的工艺要求精细，设计师需要掌握多种缝合技巧，以确保装饰效果的完美呈现与耐用性。这些技巧包括珠子的固定方法、亮片的排列方式以及缝合的紧密程度等。精湛的工艺不仅能够提升服饰的美观度，还能够延长其使用寿命，保证其在不同场合的适用性。珠绣和亮片绣的复杂性和精细度，使其成为民族服饰设计中不可或缺的重要元素。

第二章　民族服饰图案数字化创新设计

第一节　民族服饰图案数字化创新设计的构思与策划

一、设计灵感来源与定位

（一）探讨民族服饰图案的历史与文化背景

民族服饰图案不仅仅是装饰元素，更是民族历史与文化的活态记录。每一个图案都承载着丰富的历史故事和文化意涵，反映了特定时期的社会环境、宗教信仰和生活方式。通过对这些图案的历史演进进行深入研究，可以揭示其背后隐藏的文化密码，为数字化创新设计提供丰富的灵感来源。这样的研究不仅有助于保护和传承传统文化，还能激发现代设计的创意，促进民族文化的创新与传播。

民族服饰图案的象征意义与文化传承在其设计中扮演着重要角色。许多图案具有特定的象征意义，如吉祥、祈福、避邪等，这些象征意义往往根植于民族特有的文化信仰和习俗中。通过数字化手段，能够更好地保存和传播这些象征意义，使其在现代社会中继续发挥文化传承的作用。此外，数字化技术还可有助于探索图案的多重意义和功能，从而在设计中更好地体现其文化价值。

不同民族服饰图案的地域特征与风格差异是其独特魅力的体现。由于地理环境、气候条件和历史发展等因素的影响，各民族的服饰图案在色彩、形状和纹样上呈现出显著的地域特征。例如，某些民族的服饰图案以鲜艳的色彩和复杂的几何图形为主，而另一些则偏好柔和的色调和自然的植物纹样。理解这些差异有助于在数字化设计中准确体现民族特色，并促进不同文化之间的交流与融合。

（二）分析现代审美趋势与市场需求

现代消费者在选择服饰时，越来越倾向于个性化与定制化的产品。这种趋势不仅推动了设计师在民族服饰图案上的创新，也促使他们在设计过程中更加关注消费者的个性表达需求。通过数字化技术，设计师可以更灵活地调整图案设计，以满足不同消费者的偏好，进而提升产品的市场竞争力。

随着环保与可持续发展理念的普及，现代消费者逐渐重视产品的生态友好性。这一趋势对民族服饰图案的设计提出了新的要求，设计师需要在材料选择和制作工艺上进行创新，以确保产品符合可持续发展的标准。数字化设计技术的应用，使得设计师能够在设计初期就模拟材料的使用效果，从而在设计阶段就融入环保理念，确保最终产品的可持续性。

数字技术的迅猛发展为民族服饰图案的创作与传播带来了新的机遇。通过数字化工具，设计师可以在短时间内完成复杂图案的设计，并通过在线平台快速传播。这种高效的创作与传播方式，不仅缩短了产品从设计到市场的时间，也增强了设计的互动性与参与感。消费者可以通过数字平台参与到设计过程中，提出自己的意见与建议，从而实现真正的个性化设计。

（三）确定设计主题与风格定位

在设计过程中，明确设计主题的核心理念至关重要。结合民族文化元素与现代设计语言进行设计，可以形成独特的视觉表达。这种结合不仅能够保留传统文化的精髓，还能够赋予设计作品以现代感，使其在当代设计中脱颖而出。设计师需要深入挖掘民族文化的内涵，将其转化为现代设计语言，以达到文化传承与创新的双重目标。

选择合适的设计风格是确保设计作品的时代感与文化深度并存的关键。传统民族图案往往蕴含深厚的历史背景与文化意义，而当代流行趋势则代表着当前社会的审美取向。通过将这两者有机结合，设计师可以创造出既具有传统文化底蕴，又能引领时尚潮流的作品。这种风格定位不仅能够吸引现代消费者的注意，还能够在全球化背景下增强民族文化的国际影响力。

色彩方案在设计中起着重要的作用，尤其是在民族服饰图案的设计中。运用具有文化象征意义的色彩，不仅能增强设计的情感表达，还能在视觉上产生强烈的冲击力。不同的色彩组合可以传达出不同的文化信息和情感体验，因此在设计过程中，色彩的选择需要经过仔细的推敲与考量。通过色彩的巧妙运用，设计师能够赋予作品以生命力，使其在视觉上更具吸引力。

二、目标受众与需求分析

（一）识别目标消费群体特征

通过深入了解消费者的年龄层次，设计师可以更好地满足不同年龄段的需求。年轻人倾向于选择具有现代感和时尚元素的民族服饰图案，他们追求独特性和个性化设计，这使得设计师在图案创新时需要考虑潮流趋势和新颖的表现手法。中年人则可能更注重服饰的实用性和文化内涵，他们对传统与现代结合的设计更为青睐。老年人则偏向于经典和传统的图案设计，他们对民族文化的传承性有更强的认同感。因此，设计师在进行数字化创新时，需充分考虑这些年龄层次的差异，以确保设计能够广泛吸引各个年龄段的消费者。

性别特征也是影响民族服饰图案选择的重要因素。研究发现，男性消费者在选择民族服饰图案时，通常偏好简约、大气的设计风格，他们更倾向于选择具有力量感和结构感的图案。而女性消费者则更容易被细腻、精致的图案吸引，她们对于色彩的敏感度较高，更倾向于选择柔和且富有变化的色彩组合。设计师在进行数字化创新时，应针对这些性别差异进行设计调整，以满足不同性别消费者的审美需求和偏好。同时，随着性别角色的多元化发展，设计师也应关注性别流动性带来的图案选择变化。

目标消费群体的生活方式和价值观对民族服饰图案的设计有着深远的影响。现代消费者越来越追求个性化和可持续发展的生活方式，这种趋势在民族服饰图案的设计中得到了充分体现。追求个性化的消费者希望通过独特的图案设计来展示自我风格和态度，因此，设计师需要在图案创意中融入更多的个性化元素。同时，随着环保意识的增强，消费者对可持续发展的关注也在不断提升，他们更倾向于选择环保材料和可持续设计理念的产品。因此，设计师在进行数字化创新时，应将可持续发展作为设计的重要考量因素。

文化背景的多样性使得不同文化背景的消费者对民族服饰图案的接受度和审美标准有所不同。具有深厚民族文化背景的消费者更倾向于选择传统图案，这些图案能够唤起他们的文化认同感和归属感。而在多元文化背景下成长的消费者则更容易接受具有跨文化元素的图案设计，他们对新颖和创新的设计表现出更高的接受度。因此，设计师在进行图案创新时，应充分考虑文化背景的多样性，以设计出能够跨越文化界限、广泛被接受的图案。

（二）分析消费者对民族服饰图案的偏好

研究表明，消费者对民族服饰图案的偏好受到多种因素的影响，其中颜色是一个关键因素。传统上，红色和蓝色等具有文化象征意义的色彩在民族服饰中占据重要地位。这些色彩不仅仅是视觉上的选择，更是情感和文化认同的体现。红色通常象征着喜庆与活力，而蓝色则可能与宁静和深远的文化意象相关。因此，对于设计师而言，在进行数字化创新设计时，理解并融入这些色彩偏好是确保产品能够引起目标消费者共鸣的重要策略。

在现代社会，年轻消费者逐渐成为民族服饰市场的重要消费群体。他们对现代化和时尚化的民族服饰图案表现出浓厚的兴趣。这种倾向反映了他们对传统文化的创新解读与个性化追求。年轻消费者希望在服饰中看到传统与现代的融合，这不仅是对传统文化的传承，也是对其进行现代诠释的一种方式。因此，设计师在进行民族服饰图案的数字化创新时，应考虑如何通过设计实现传统与时尚的平衡，以满足年轻消费者的独特需求。

女性消费者在民族服饰图案的选择上表现出对细节和装饰性的高度关注。她们偏爱那些具有精致刺绣或独特图案的服饰，这不仅体现了她们对美的追求，也反映出她们对于服饰的审美标准和价值观。因此，在进行数字化设计时，设计师需要注重图案的细腻与精致，以迎合女性消费者的审美偏好，并通过数字化手段提升图案的装饰效果，使其更具吸引力。

随着生活方式的多元化，消费者对民族服饰图案的功能性需求逐渐增加。现代消费者倾向于选择那些能够适应多种场合的设计，包括日常生活、节庆活动及正式场合。这种需求反映了消费者对实用性和多功能性的重视。因此，设计师在进行数字化创新时，应考虑如何在设计中融入多场合适用的元素，以满足消费者的实际需求，并提升服饰的使用价值。

（三）确定设计需满足的功能与情感需求

民族服饰图案的数字化创新设计在功能与情感需求上有着多层次的考量。设计的多功能性是其核心，必须能够适应不同场合的穿着需求。例如，在日常生活中，服饰应具备休闲与舒适的特点，而在节庆或正式场合，则需要体现出庄重与仪式感。这种多功能性的实现不仅需要在设计图案上进行创新，更需要在面料选择、剪裁工艺等方面进行综合考量，以确保服饰在多种场合下都能发挥其独特魅力。

在情感需求方面，设计应传达出民族文化的独特性与自豪感。民族服饰图案承载着深厚的历史与文化内涵，设计师在进行数字化创新时，需要深入挖掘这些文化符号背后的故事与意义，以增强消费者的文化认同感。这种情感的传达不仅仅是通过图案本身，还可以通过服饰的整体风格、色彩搭配等多种方式来实现，使穿着者在日常生活中感受到文化的温度与力量。

舒适性与实用性是设计中不可或缺的要素。无论是日常穿着还是特殊场合，服饰的舒适性直接影响着穿着者的体验。因此，必须注重面料的选择与工艺的精细，确保在不同环境中穿着者都能感到自在。实用性则体现在服饰的功能性设计上，如口袋、拉链等细节的处理，都需要经过精心的考量与设计，以提升整体的穿着体验。

三、设计理念与故事线构建

（一）提炼设计核心理念

设计核心理念不仅仅是设计的灵魂所在，更是连接传统与现代的桥梁。它需要将传统民族文化与现代设计元素有机地融合，形成一种独特而有吸引力的视觉语言。这种融合不是元素上的简单叠加，而是追求一种深层次的文化对话，力求在视觉上实现传统与现代的和谐共生。例如，通过现代技术手段对传统图案进行重新诠释，使其在保留传统文化内涵的同时，展现出现代设计的简约与时尚感。

在当代消费市场中，强调个性化与定制化是满足消费者对独特性和个性表达需求的关键所在。随着消费者对个性化产品需求的不断增加，设计师需要通过创新的设计理念来满足这种需求。在民族服饰图案的数字化设计中，设计师可以通过对传统图案的个性化改造，结合消费者的个人喜好，创造出独一无二的设计作品。这不仅提升了产品的附加值，也增强了消费者的参与感和归属感，进而提升了品牌的市场竞争力。

可持续性是现代设计中不可忽视的一个重要理念。在民族服饰图案的数字化创新设计中，关注可持续性意味着优先使用环保材料与工艺，体现设计师和品牌的社会责任感。通过选择可降解的纺织材料和低能耗的生产工艺，设计师不仅可以减少对环境的负面影响，还可以引导消费者关注环保问题，促进绿色消费理念的传播。同时，这种设计策略也为品牌树立了良好的社会形象，增强了消费者对品牌的信任度和忠诚度。

情感化设计是传达民族文化独特性的有效途径之一。在民族服饰图案的数字化设计中，通过情感化设计可以增强消费者的文化认同感。设计师可以通过深入挖掘民族文化中的情感元素，将其融入设计作品中，使消费者在使用产品时产生情感共鸣。这种情感联结不仅提升了产品的文化价值，也使消费者在使用产品的过程中获得了一种文化的体验和享受，进而增强了对产品和品牌的认同感。

（二）构建设计故事线，增强图案的文化内涵

构建设计故事线是民族服饰图案数字化创新设计中的关键步骤，旨在通过丰富的文化内涵提升图案的价值。民族服饰图案不仅仅是视觉艺术的表现，更是历史文化的载体。通过讲述这些图案背后的故事，设计师可以增强消费者对文化传承的认同感和参与感。在全球化的背景下，许多民族文化面临被同化的风险，因此，设计故事线不仅有助于保护传统文化，还能赋予其新的生命力。通过深入挖掘民族服饰图案的起源和发展历程，设计师可以为每一件作品注入独特的文化意义，使其超越简单的装饰功能，成为文化交流的重要媒介。

利用现代数字媒介创造互动体验是增强消费者与民族服饰图案情感联结的重要策略。数字化技术的进步为设计师提供了多样化的工具，使得传统的静态图案能够以动态、互动的形式呈现。通过数字平台，消费者可以在设计过程中参与文化故事的构建，亲身体验图案背后的文化背景。这种互动不仅增加了消费者的参与感，还能激发他们对民族文化的兴趣和热情。设计师可以借助虚拟现实、增强现实等技术，让消费者在虚拟空间中探索图案的文化内涵，增强他们对产品的理解与价值认同。

结合传统民间传说与现代设计元素，是设计具有叙事性图案的有效方法。民族服饰图案往往蕴含着丰富的民间传说和历史故事，通过将这些传统元素与现代设计理念相结合，设计师可以创造出既具有文化深度又符合现代审美的作品。每一件作品都成为文化的载体，不仅展示了民族文化的独特魅力，也为现代设计注入了新的灵感。这种设计策略不仅能够吸引更多的消费者，还能够在国际市场中提升民族服饰的知名度和影响力。

四、技术平台与工具选择

（一）评估不同数字化设计平台的适用性

在进行民族服饰图案的数字化创新设计时，选择合适的设计平台是成功的关键。每个数字化设计平台都有其独特的特性和优势，因此评估其适用性是必不可少的。设计师需要考虑平台是否能够支持复杂的图案设计和多样化的创意表达。例如，某些平台可能在处理高分辨率图像或三维建模方面表现优异，而另一些平台可能更适合二维设计或动画制作。通过对比这些特性，设计师可以选择最符合其创作需求的平台，为民族服饰图案的数字化创新奠定坚实的基础。

评估数字化设计平台的用户友好性是确保设计师能够快速上手并高效使用的重要步骤。一个用户友好的平台通常具备直观的界面设计、完善的教程和技术支持，使设计师在创作过程中更专注于设计本身，而非平台操作的学习曲线。用户友好性不仅影响工作效率，还能影响设计师的创作体验和灵感发挥。选择一个易于操作且支持个性化设置的平台，可以帮助设计师更好地实现创意构思，提高民族服饰图案设计的整体质量。

分析不同平台的功能多样性也是选择合适工具的重要环节。功能多样性不仅指平台提供的设计工具种类，还包括其在色彩管理、图层处理、特效应用等方面的能力。对于民族服饰图案设计而言，功能丰富的平台能够更好地支持复杂图案的细致处理和多样化风格的呈现。同时，这些功能也能帮助设计师更有效地实现创新设计，探索新的表现形式。因此，选择功能多样的平台可以为设计师提供更广阔的创作空间。

考查平台的协作能力对于设计团队而言尤为重要。一个具备良好协作能力的平台能够支持团队成员之间的实时交流与反馈，促进创意的碰撞与融合。这对于民族服饰图案的设计尤为关键，因为这类设计往往需要结合多方的专业意见和文化背景。通过选择协作能力强的平台，设计团队可以更高效地进行项目开发，确保每个成员的创意贡献都能得到充分发挥，从而提升设计作品的整体水平。

评估平台的兼容性是确保设计作品能够无缝导入到生产和传播环节的关键步骤。兼容性不仅涉及文件格式的转换，还包括与其他生产工具和传播渠道的对接能力。对于民族服饰图案的数字化设计而言，确保设计作品能够在不同软件和硬件环境中顺利运行，能够大大提高生产效率和传播效果。选择兼容性强的平台，有助于设计师更好地将创意转化为产品，并在市场上获得更广泛的认可。

（二）选择适合的设计软件与工具

设计软件的选择直接影响到图案设计的精细度和创作的灵活性。对于民族服饰图案的细节和线条创建，矢量设计软件如 Adobe Illustrator 是理想的选择。其强大的矢量绘图功能允许设计师在不失真的情况下放大或缩小图案，精细地处理每一个细节。这对于民族服饰图案中复杂的纹样和精致的线条尤为重要，使设计师能够充分展现民族服饰的文化内涵和艺术价值。

运用 3D 建模软件，如 CLO3D，能够为设计师提供立体效果的展示平台，帮助更好地理解服装的结构与面料特性。通过 3D 建模，设计师可以在虚拟环境中模拟服装的穿着效果，观察图案在服装上的实际呈现。这种直观的展示方式，不仅有助于设计师在设计过程中进行调整和优化，还可以为客户提供更具说服力的视觉方案，增强设计方案的说服力和可行性。

在民族服饰图案的色彩调整与合成方面，图像处理软件如 Adobe Photoshop 不可或缺。它提供了丰富的色彩管理和图像合成功能，设计师可以根据设计需求对图案进行细致的色彩调整，增加或减少图案的层次感和艺术效果。这种灵活的色彩处理能力，能够帮助设计师在保持民族服饰传统色彩特色的同时，进行现代化的视觉创新，提升整体设计的艺术感和视觉冲击力。

为提高团队协作效率，在线设计协作工具如 Figma 成为不可或缺的选择。Figma 允许团队成员在同一平台上进行实时沟通与反馈，设计师可以随时分享设计进度和创意，团队成员可以即时提供意见和建议。这种协作方式大大提高了设计效率，缩短了设计周期，确保了设计项目的顺利推进和高质量完成。

五、时间规划与项目管理

（一）制定详细的设计时间表

在民族服饰图案的数字化创新设计过程中，制定详细的设计时间表是确保项目顺利进行的重要步骤。明确项目启动会议的时间至关重要，通过此会议，各参与人员可以清晰地了解各自的角色与责任，从而为项目的顺利开展奠定基础。设定各阶段设计任务的具体截止日期是时间管理的核心，包括设计灵感的收集、初步草图的绘制、数字化设计以及样品的制作等环节。每个阶段的时间安排需科学合理，以保证设计的连贯性和创新性。此外，安排定期的设计评审会议，能够有效确保设计进度和质量。在这些会议中，团队可以根据项目的实际进展，及时调整设计方向与策略，以应对可能出现的挑战和变化。

制定市场调研与用户反馈的时间节点是设计过程中的关键环节。在设计过程中，获取消费者的意见与建议，有助于设计团队更好地把握市场需求，提升设计的实用性和市场接受度。通过设定这些时间节点，设计团队可以在设计的不同阶段进行市场调研，收集用户反馈，进而对设计方案进行必要的调整和优化。这样的反馈机制不仅提高了设计的市场竞争力，也增强了设计作品的用户体验。此外，规划最终设计成果的发布与推广时间也是时间管理的重要组成部分。通过合理的时间规划，设计作品能够在适当的时机进入市场，获得最大曝光率和市场认可，从而实现设计的商业价值和文化传播的目标。

（二）分配设计任务与资源

项目管理者需要明确各设计团队成员的职责，以确保每个人在项目中的角色清晰，避免任务重叠或遗漏。通过清晰的角色分配，团队成员可以专注于各自的任务，提高工作效率和设计质量。与此同时，项目管理者应根据设计任务的复杂性与时间需求，将整体项目分解为小阶段。这样的分解不仅有助于合理分配资源与时间，还能确保每个阶段的顺利完成，避免因任务过于庞大而导致的进度延误。

为了确保资源的有效利用，项目管理者需要为设计过程中的各个环节设定具体的预算。合理规划预算可以避免不必要的开支，确保资金用于最需要的地方。预算管理不仅是财务控制的手段，更是对项目整体资源配置的有效保障。在项目执行过程中，制定定期的进度检查机制也是必不可少的。通过定期的检查，项目管理者可以确保各项任务按时完成，并根据实际进展进行适时的资源调整。这种动态调整机制能够有效应对项目中可能出现的各种变化与挑战，确保项目的顺利推进。

建立跨部门协作机制是提高项目整体效率的重要手段。在民族服饰图案的数字化创新设计中，设计、市场、生产等团队之间的信息共享与沟通至关重要。通过跨部门的协作，可以确保各团队在同一目标下协调工作，避免信息孤岛的产生。信息的有效流通不仅能提高团队的协作效率，还能为项目的创新设计提供更多的视角与灵感。在项目管理中，良好的协作机制不仅能提高团队的工作效率，还能为项目的成功奠定坚实的基础。

（三）实施有效的项目管理与监控

在项目管理过程中，建立项目进度监控机制至关重要。通过定期评估各阶段任务的完成情况，可以确保项目按照既定的时间表顺利推进。进度监控不仅有助于识别项目中的潜在瓶颈，还能够在早期阶段发现问题并及时调整策略，以避免对项目整体进度产生影响。此外，实施风险管理策略是项目管理的另一核心要素。通过识别潜在风险并制订相应的应对方案，可以有效降低项目在实施过程中的不确定性，从而保障项目的顺利进行。

在现代项目管理中，采用项目管理软件工具已成为提高效率的重要手段。这些工具能够实时跟踪项目进展和资源使用情况，从而提高团队的协作效率。通过软件工具，项目经理可以更直观地了解项目的整体情况，并根据数据及时进行调整。此外，软件工具还能帮助团队成员更好地分配和管理任务，确保每个人都清楚自己的职责和任务进度。为了保证信息的透明和及时性，定期组织团队会议也是必不可少的。通过这样的会议，团队成员可以分享最新的信息和反馈，确保所有人都在同一节奏上，并能及时解决项目中遇到的问题。

建立绩效评估体系是项目管理与监控的重要环节。对项目进展和成果进行阶段性评估，可以为后续设计优化提供重要依据。这一体系不仅有助于明确项目的成功标准，还能激励团队成员不断提升自己的工作质量。绩效评估不仅关注项目的最终结果，也关注每个阶段的具体表现，以便及时进行调整和优化。通过这样的方式，项目团队可以不断积累经验和教训，为未来的项目提供更为坚实的基础和保障。

第二节　民族服饰图案数字化创新设计的技巧与策略

一、民族服饰图案数字化绘制技巧

（一）数位板绘图技巧

数位板作为现代数字绘图的核心工具，其绘图技巧的掌握直接影响到民族服饰图案数字化设计的质量和效率。在进行数位板绘图时，首先需要熟悉基本的操作技巧。这包括如何设置画布的大小和分辨率，以确保图案的清晰度和细节表现。此外，调整笔刷的大小、硬度和流量也是关键步骤之一。通过合理的图层管理，可以有效地分离不同的设计元素，便于后续的修改和调整。这些基本操作技巧是数字化设计的基础，能够帮助设计师更好地实现创作意图。

掌握不同笔刷的使用技巧是实现多样化线条效果和纹理表现的关键。不同的笔刷可以模拟出不同的材质效果，如毛笔的柔和、钢笔的锐利或粉笔的粗糙等。在民族服饰图案的数字化设计中，合理选择和搭配笔刷可以更好地体现出传统服饰的质感和文化内涵。设计师需要通过不断的练习和尝试，掌握如何利用笔刷的特性来丰富图案的表现力和艺术性。

利用数位板的压感功能，设计师能够通过调整笔触的粗细和透明度来增强图案的层次感。压感功能使得笔触能够根据手部施力的变化而呈现出不同的线条粗细和颜色深浅，这对于表现民族服饰图案中的细腻纹理和复杂结构尤为重要。通过压感的运用，设计师可以更自然地表达出图案中的细节变化和立体感，使得数字化作品更具视觉吸引力和真实感。

（二）图形处理软件的应用

图形处理软件的应用不仅提升了设计的效率，也拓宽了设计的可能性。通过这些软件，设计师能够在数字平台上轻松实现图案的构思与创作，减少了传统手工绘制的烦琐步骤。这些软件的直观界面和强大的功能使得设计师能够在短时间内进行多次尝试和修改，极大地促进了设计的创新与发展。图形处理软件的应用不仅是技术的进步，更是设计理念的一次革新。

在民族服饰图案设计中，图形处理软件提供了强大的基础功能应用，使得设计师可以在数字化平台上实现多种设计效果。这些软件具备的矢量绘图功能，使得图案的线条可以无限放大而不失真，确保了图案在各种尺寸上的清晰度。这对于需要在不同尺寸和材质上展示的民族服饰图案来说尤为重要。此外，软件中的图层功能允许设计师分步骤进行设计，便于后期的修改和调整。这些基础功能的应用，极大地提高了设计的精确性和灵活性。

利用图形处理软件进行图案的色彩调整与优化，是民族服饰图案数字化设计中的关键环节。通过软件提供的色彩调节工具，设计师可以对图案的色彩进行精细的调整和优化，以达到最佳的视觉效果。色彩的选择和搭配在民族服饰中具有特殊的文化意义，因此，软件的色彩管理功能帮助设计师在保持传统色彩的基础上，进行现代化的创新和调整。通过色彩的数字化处理，设计师能够更好地传达民族服饰图案的文化内涵和艺术价值。

图形处理软件在图案合成与编辑中的灵活性，为民族服饰图案设计提供了更多的创作空间。设计师可以通过软件的合成功能，将不同的图案元素进行自由组合，创造出全新的设计。这种合成能力不仅提高了设计的多样性，也为设计师提供了更多的实验机会。此外，软件的编辑功能允许设计师对图案进行细致的调整和完善，确保每一个细节都达到最佳状态。通过软件的灵活应用，设计师能够更好地实现设计的创意和构想。

（三）3D 建模技术在图案设计中的运用

3D 建模技术的应用不仅能够实现更为立体和真实的视觉效果，还能够帮助设计师直观地理解服装的结构与面料特性。这种技术通过创建 3D 数字模型，使得设计师可以在虚拟空间中操控和观察服饰图案的每一个细节，从而提升设计的精确性与创新性。它为设计师提供了一个全新的视角，使他们能够在设计阶段就预见到最终产品的呈现效果，确保设计构思与实际产品之间的高度一致性。

通过 3D 建模，设计师能够模拟不同材料在光照下的反射与折射，增强图案的表现力，使设计更加生动。光照效果的模拟使得设计师可以探索各种材质在不同光源下的变化，从而创造出更具吸引力的图案。这个过程不仅丰富了设计师的创作手段，还使得最终的服装作品更具视觉冲击力和艺术感染力。3D 建模技术的应用，使得设计不再仅仅局限于平面，而是扩展到了一个更加复杂和多维的空间中。

3D 建模技术支持虚拟试衣功能，使消费者在购买前可以直观地看到服装效果，提升购物体验与满意度。这一功能通过在虚拟环境中展示服装的穿着效果，帮助消费者更好地理解服装的设计意图和实际穿着效果。虚拟试衣不仅提高了消费者的购买信心，还降低了因不合适而产生的退货率，从而优化了购物流程。这种技术的应用，标志着服装零售行业向数字化和智能化方向的转型。

二、民族服饰图案数字化创新设计中的材质表现

（一）虚拟材质的创建与应用

虚拟材质是指通过计算机技术模拟现实世界中各种材质特性的数字化表现

形式。通过先进的数字技术，设计师可以在虚拟环境中创造出逼真的材质效果，这不仅拓宽了设计的可能性，还使得设计过程更加灵活和高效。虚拟材质的创建需要结合艺术与技术，设计师通过数字工具模拟不同的材质特性，如光泽、纹理和透明度，以达到理想的视觉效果。这一过程不仅提升了设计的精细度，也为民族服饰图案的创新提供了新的视角和方法。

在民族服饰图案设计中，虚拟材质的应用使得设计师可以在不受物理材料限制的情况下，创造出丰富多样的视觉效果。虚拟材质通常通过软件中的材质编辑器来实现，设计师可以根据需要调整材质的颜色、纹理、反射率等属性，以达到预期的设计效果。这种数字化的材质表现形式不仅提高了设计的灵活性，也为民族服饰的现代化表达提供了新的可能。

在民族服饰图案设计中，虚拟材质的重要性体现在其能够真实再现传统材质的视觉特征，同时也可以突破传统材质的限制，创造出全新的视觉体验。虚拟材质为设计师提供了一个实验和创新的平台，使得民族服饰图案可以在数字空间中得到更为自由的表达。这种技术不仅促进了民族文化的现代化传播，也为传统服饰图案的创新设计提供了新的可能性。

创建虚拟材质的技术流程通常包括材质采集、数字化处理和效果应用三个主要步骤。设计师首先需要通过高精度扫描或摄影技术采集真实材质的纹理信息，然后利用图像处理软件进行数字化处理，以生成可用于设计的材质贴图。在工具选择方面，常用的软件包括 Photoshop、Substance Painter 等，它们提供了强大的材质编辑功能，可以帮助设计师实现复杂的材质效果。此外，设计师还需根据具体的设计需求选择合适的 3D 建模软件，以确保虚拟材质的效果在最终呈现中得到完美体现。

虚拟材质在民族服饰图案设计中的应用，不仅影响到设计的视觉效果，也对消费者的体验和市场反馈产生了积极的影响。通过虚拟材质，消费者可以在数字平台上体验到高质量的民族服饰设计，这种交互式的体验方式增强了消费者的参与感和购买欲望。此外，虚拟材质的灵活性和多样性也使得设计师能够快速响应市场需求，推出符合消费者审美的创新设计，从而提升市场竞争力。

（二）材质纹理的映射与渲染

材质纹理映射的基本原理在于将实际材质的视觉特征精准地转化为数字模型中的纹理信息。这一过程需要对材质的色彩、质感和光泽等特征进行细致的分析与建模，以确保数字化呈现的纹理能够真实反映出原始材质的特性。在此基础上，纹理映射不仅仅是对真实材质的复制，更是对其进行艺术化的再创作，以符合数字设计的审美需求和技术标准。

在民族服饰图案设计中，材质纹理的选择直接影响视觉效果，能够塑造出不同的设计氛围。例如，丝绸材质的光滑与柔和可以传达出高贵与典雅的气息，而粗麻布的质朴与自然则更适合展现传统与质朴的风格。设计师在选择材质纹理时，需考虑到材料本身的文化背景与历史象征，以确保图案设计不仅具有视觉吸引力，还能够传达出深厚的文化内涵。这种对材质的精细选择和运用，能够有效提升设计的整体美感和文化价值。

渲染技术在材质纹理表现中扮演着重要角色，通过光影变化可以增强图案的立体感与真实感。现代渲染技术能够模拟自然光照条件下的材质表现，使得数字化图案在视觉上更具真实感和吸引力。通过对光线的精确控制，设计师可以在数字平台上重现材质的反射、折射及阴影效果，使得民族服饰图案在数字化展示中呈现出更为生动的视觉效果。这不仅提升了图案的视觉冲击力，也为观众提供了更为逼真的观赏体验。

材质纹理的动态渲染技术为民族服饰图案的展示增添了更多的吸引力和互动性。通过动画效果，设计师可以使静态的图案在数字平台上呈现出动态的变化，从而吸引观众的注意力并增强互动体验。这种技术的应用不仅能够增强图案的视觉冲击力，还可以通过动态变化传达出更为丰富的文化故事和情感内涵，使得民族服饰图案在现代数字化环境中焕发出新的生命力。

（三）材质与图案的搭配效果

材质不仅仅是服饰的基础构成，更是图案得以展现的重要载体。通过合理的材质选择，可以使图案的视觉效果更加突出，从而增强整体设计的美感。例如，丝绸的光泽能够突出图案的色彩层次，而棉布的质感则可以为图案增添一种朴素而自然的气息。材质与图案的搭配不仅需要考虑视觉上的协调，还需要关注材质本身的特性与图案风格的相辅相成。通过对材质与图案的深入研究，设计师可以创造出既具传统韵味又符合现代审美的民族服饰。

材质与图案的视觉协调性在设计中扮演着至关重要的角色。设计师在进行民族服饰图案的数字化创新时，必须确保材质选择与图案风格的完美契合。这种契合不仅表现在色彩和纹理的协调上，更体现在整体设计的美感之中。例如，柔软的羊毛材质能够与复杂的几何图案相得益彰，而硬挺的亚麻则适合搭配简洁的线条图案。通过对材质与图案的视觉协调性的深入分析，设计师可以在增强服饰美感的同时，提升民族文化的视觉表现力。

不同材质对图案表现的影响是设计中不可忽视的因素。棉、丝绸等材质各有其独特的色彩和纹理展示效果，这对民族服饰图案的表现力有着直接的影响。棉材质的吸湿性和透气性使其成为夏季服饰的理想选择，而丝绸的光滑和柔顺则能为图案增添一种奢华感。设计师需要根据不同材质的特性，选择合适的图案，以达到最佳的视觉效果和穿着舒适度。通过对材料与图案之间关系的深入研究，设计师可以更好地发挥材质的优势，提升民族服饰的整体表现力。

材质与图案的功能适配是提升穿着体验的重要策略。在民族服饰的设计中，材质的选择不仅要考虑视觉效果，还要关注服饰的使用场景和功能需求。例如，户外活动需要选择耐磨且透气的材质，而正式场合则可以选择具有光泽感的高档面料。通过合理的材质与图案的功能适配，设计师可以在保持民族服饰文化特色的同时，提升服饰的实用性和舒适性。这种设计策略不仅增强了服饰的市场竞争力，也为消费者提供了更好的穿着体验。

三、民族服饰图案数字化创新设计的细节处理

（一）图案边缘的精细化处理

边缘的清晰度与细致度直接影响整体视觉效果，尤其是在高分辨率显示设备上，边缘处理的质量决定了图案的专业水准。通过采用高分辨率图像，可以确保图案边缘的处理达到精确性与细腻感的要求。高分辨率不仅能捕捉到图案的细微变化，还能在放大时保持清晰度，使观者能够感受到设计的细致之美。这种处理方法在数字化设计中尤为重要，因为它能够显著提升图案的视觉冲击力。

在图案边缘处理过程中，矢量图形技术的应用是实现无锯齿效果的关键。矢量图形的优势在于其可缩放性和清晰度，无论图案放大或缩小，边缘始终保持平滑。这种技术的应用不仅提升了图案的专业度，还能在多种介质和尺寸的输出中保持一致的质量。此外，矢量图形技术还便于后期的编辑和修改，使设计师能够灵活调整图案，满足不同的设计需求。这种无锯齿的边缘处理方法在现代数字化设计中已成为标准，确保了图案的高品质呈现。

为了增强图案边缘的立体感与层次感，设计师可以结合渐变与阴影效果。这些效果的应用能够使图案在视觉上更具深度，增加设计的复杂性和吸引力。

渐变效果通过色彩的渐变变化，可创造图案柔和过渡的效果；而阴影效果则通过模拟光影的变化，增强图案的立体感。这些技术的结合使用，不仅丰富了图案的视觉层次，还能突出设计的主题和风格，使图案更具表现力和艺术性。这种细节处理方法在民族服饰图案的数字化设计中，能够有效提升作品的观赏价值。

（二）图案层次的丰富与体现

在民族服饰图案的数字化创新设计中，丰富图案层次是提升设计视觉吸引力的重要策略。通过不同图案的叠加与组合，设计师可以创造出层次感丰富的视觉效果，从而吸引消费者的注意力。这种多样化的表现不仅增强了图案的视觉冲击力，还使得作品在同质化的市场中脱颖而出。设计中常常采用多种图案元素的叠加，通过精心设计的组合方式，使每一层图案都能在整体中找到其独特的位置和意义。这种层次的处理不仅限于平面设计，在三维空间中也能通过数字化技术展现出更加立体的层次感。

运用渐变色彩与透明度变化是增加图案层次感的又一有效策略。渐变色彩的运用可以使图案在视觉上产生深度变化，增强其立体感和动感。透明度的变化则为设计带来了更多的可能性，使得不同图案元素之间的过渡更加柔和自然。这种技术手段不仅丰富了图案的色彩表现，还为设计增添了更多的层次感，使得每一个细节都能在光影变化中展现出不同的魅力。通过这种方法，设计师可以在不改变图案基本结构的情况下，赋予其新的视觉生命力和表现力。

对比与协调不同元素的大小与形状是提升设计和谐美感的关键。通过对比手法，设计师可以在视觉上形成强烈的层次对比，从而突出图案的重点和特色。而协调手法则通过统一的设计语言，使得不同元素在整体上达到和谐的效果。大小与形状的变化不仅丰富了图案的视觉层次，也使得设计在整体上更加富有节奏感和韵律感。这种视觉上的层次对比与和谐美感的结合，使得民族服饰图案在数字化创新设计中更具吸引力和感染力。

细致的纹理与细节处理是丰富图案表面效果的重要手段。在数字化设计中，细致的纹理能够在光线变化下展现出不同的视觉魅力，使得图案在动态环境中更加生动逼真。通过细节的处理，设计师可以在图案中加入更多的文化元素和设计理念，使得每一个细节都能传达出设计的独特内涵。这种细致的处理不仅提升了图案的视觉效果，还增强了其文化价值和艺术感染力，使得民族服饰图案在数字化设计中焕发出新的生命力。

（三）细节部分的装饰与强化

通过对细节的精细处理，设计师可以在不改变整体结构的情况下，增加作品的层次感与艺术性。这不仅需要设计师具备深厚的文化理解力，还需具备对现代设计技术的熟练掌握。细节的装饰与强化不仅仅是简单的视觉美化，更是对民族文化内涵的深度挖掘与呈现，使得每一个细节都能传达出特定的文化信息与情感共鸣。

细节装饰的文化象征性在民族服饰图案的设计中至关重要。通过特定的图案和装饰元素，设计师可以有效地传达民族文化的独特性与深度。这需要设计师深入了解民族文化的历史背景和象征意义，将其转化为具体的设计语言。例如，通过细致的纹样和符号，传达出某一民族的历史演进和文化积淀。这样的设计不仅在视觉上具有冲击力，更在情感层面引发观者的共鸣，使得民族文化在现代设计中得以延续和传播。

细节装饰的工艺技术是提升民族服饰图案精细度与质量的关键。传统的刺绣、印刷等工艺通过数字化手段得以创新与发展，使得图案的细节处理更加精致。现代技术的引入，不仅提高了图案的制作效率，也丰富了其表现形式。通过对不同工艺的研究与应用，设计师可以在保持传统工艺精髓的同时，探索出新的表现手法，使得民族服饰图案在保留文化特质的基础上，实现更高的艺术价值与市场认可。

动态元素的引入为民族服饰图案的细节装饰增添了新的表现力。在数字化背景下，通过动画效果和互动设计，设计师可以创造出更加生动与富有趣味的图案表现形式。这种动态设计不仅提升了图案的视觉吸引力，还增强了消费者的参与感，使得民族服饰图案在现代社会中更具互动性与传播力。通过动态元素的巧妙运用，民族文化得以在数字化平台上更广泛地传播与交流，激发观者的兴趣与探索欲望。

四、民族服饰图案数字化创新设计的互动性设计

（一）增强用户参与感的设计方法

通过互动设计平台，用户能够在设计过程中选择和调整图案元素，这种个

性化的参与不仅让用户感受到设计的乐趣，还能激发他们的创造力。用户在这一过程中，不再是被动的接受者，而是主动的创作者，这种角色的转变提升了用户的参与感和个性化体验。设计平台通过提供多样化的选择和调整功能，使用户能够根据个人喜好进行定制，这种灵活性是传统设计方式所无法比拟的。

利用社交媒体进行用户反馈收集是另一种有效的方法。通过社交平台，设计者能够快速获取用户的意见和建议，让消费者直接参与到设计评选中。这种开放的反馈机制不仅提高了用户对产品的认同感，还能帮助设计者更好地理解市场需求。用户的反馈往往是设计改进的重要依据，设计者通过分析这些反馈，可以不断优化设计，提高产品的市场竞争力。

创建虚拟试衣间功能是数字化设计中增强用户参与感的创新手段之一。在数字环境中，用户可以体验服装的实际效果，通过虚拟试衣间，他们能够更直观地感受到设计的魅力。这种数字化体验不仅增加了用户的参与感，还能帮助他们更好地理解和选择适合自己的设计。虚拟试衣间的应用，突破了传统试衣的空间限制，为用户提供了全新的购物体验。

线上设计比赛的举办为用户提供了展示创意的平台。这种比赛不仅鼓励用户提交自己的设计创意，还促进了社区的互动与文化交流。在比赛中，用户可以互相学习，分享设计经验，这种互动不仅丰富了设计的多样性，也增强了用户的归属感和参与感。设计比赛的结果往往会影响到设计潮流的发展方向，用户在其中扮演了重要的角色。

（二）数字化互动图案的应用场景

社交媒体平台已成为民族服饰图案数字化互动设计的重要阵地。通过社交媒体，用户可以分享个人的穿搭风格和设计灵感，形成一个互动交流的平台。这种互动设计不仅促进了文化的交流，也有助于品牌的传播和影响力的扩大。用户在分享过程中，能够更加深入地了解不同民族服饰的文化背景和设计理念，从而激发更多的创意和灵感。这种互动形式增强了用户与民族服饰之间的情感联结，使传统文化在现代社会中得以传承和创新。

增强现实技术在民族服饰展览中的应用，为观众提供了沉浸式的互动体验。通过增强现实技术，观者可以更深入地了解民族服饰图案的文化内涵和设计理念。这种互动体验，不仅增加了观者的参与感，也使展览内容更加生动有趣。观者通过与数字化图案的互动，能够直观地感受到传统文化的魅力和价值。这种技术的应用，为民族服饰的展示和传播提供了新的可能性，吸引了更多观者的关注和参与。

在线设计平台的使用，为用户参与民族服饰图案的设计过程提供了便利。通过这些平台，用户可以根据自己的喜好和需求，参与到图案设计的过程中。这种个性化的定制体验，不仅提升了用户的参与感和满意度，也增加了用户对品牌的黏性。用户在设计过程中，能够更加深入地了解民族服饰的设计元素和文化背景，从而激发更多的创意和灵感。这种互动设计，使用户在享受个性化服务的同时，也成为民族服饰文化的传播者。

（三）互动性设计对民族服饰文化传播的意义

互动性设计不仅仅是一个设计理念，更是文化传承与现代技术结合的桥梁。将互动性设计融入民族服饰图案的数字化创新中，能够有效地增强消费者对民族服饰文化的认同感。这种认同感的提升，直接促进了文化自信的建立，使得民族文化在全球化背景下更具竞争力和吸引力。互动性设计通过多媒体和数字平台，使消费者能够在体验中感知文化的深度和厚重，进而对民族服饰文化产生更深刻的理解和情感共鸣。

数字化互动性设计为消费者提供了一个探索民族服饰图案背后文化故事和象征意义的途径。这种方式不仅丰富了文化传播的内容，还提升了传播的深度和广度。通过互动性设计，消费者可以参与到民族服饰文化的再创造过程中，亲身体验文化的内涵与魅力。这种深度的文化体验有助于打破传统传播模式的局限，使民族服饰文化在更广泛的受众中得到认可和传承。数字化互动性设计的应用，成为民族服饰文化在现代社会中保持活力与吸引力的重要策略。

互动性设计为民族服饰文化的传播提供了新的渠道，使文化元素能够在更广泛的受众中得到传播和认可。通过这种创新的传播方式，民族服饰文化不再局限于传统的展示平台，而是通过数字化的形式进入人们的日常生活。这样的传播方式不仅提高了文化的可见性，也增强了文化的影响力和吸引力。消费者在互动过程中，能够更加主动地探索和分享文化内容，形成一个更加生动和活跃的文化传播网络。这种网络的形成，进一步推动了民族服饰文化的现代化和国际化进程。

第三节 民族服饰图案数字化创新设计的色彩搭配

一、民族服饰图案色彩的数字化表现

（一）色彩数字化技术

通过数字化手段，设计师能够更精确地捕捉和再现传统服饰中的丰富色彩。色彩数字化技术的基本原理涉及将物理色彩转换为数字信息，这一过程通常通过扫描或摄影设备完成。这些数字信息随后可以在计算机中进行处理和再现，以便在设计过程中更灵活地调整和应用。这些技术的应用不仅提高了设计效率，还为传统图案的色彩再现提供了新的可能性，使设计师能够在保留传统风格的同时进行创新。

色彩空间模型的使用是色彩数字化技术中的核心部分，包括 RGB、CMYK 等模型在不同媒介中的表现。RGB 模型主要用于显示器和数字设备，其通过红、绿、蓝三色的不同组合来呈现多样的色彩效果，而 CMYK 模型则应用于印刷行业，通过青、品红、黄、黑四种颜色的叠加实现色彩再现。在民族服饰图案的数字化设计中，合理选择和转换这些色彩空间模型，能够确保设计在不同媒介上的一致性和准确性，避免色彩失真，从而更好地传达民族服饰的文化内涵。

色彩数字化工具的选择与使用，包括软件和硬件的整合，是实现高效设计的基础。设计师在进行民族服饰图案设计时，常常需要结合多种软件工具，如 Adobe Photoshop、CorelDRAW 等，这些工具提供了强大的色彩编辑和管理功能。此外，硬件设备如高精度显示器、色彩校准器等也在色彩数字化过程中发挥重要作用。通过合理整合这些工具，设计师能够更加精确地进行色彩设计，提升作品的质量和表现力。

（二）色彩数据的处理

色彩数据的处理不仅涉及色彩信息的准确采集，还包括对这些数据的标准化和优化，以确保设计效果的最佳呈现。首先，色彩数据的采集需要使用专业的色彩测量仪器和先进的数字图像处理技术。这些工具能够获取精准的色彩信息，为后续的设计工作提供可靠的基础数据。通过这些技术手段，设计师可以捕捉到民族服饰图案中丰富多样的色彩细节，确保数字化设计的真实性和准确性。

色彩数据的标准化处理是确保不同设备和媒介上色彩表现一致的关键步骤。由于不同的显示设备和印刷媒介可能存在色差，标准化处理能够有效避免这些色差对设计效果的影响。通过标准化，设计师可以确保在不同环境下，民族服饰图案的色彩能够保持一致性和准确性。这一过程涉及对色彩数据的校正和转换，使其符合通用的色彩标准，进而提升设计的稳定性和可靠性。

色彩数据的分类与编码是色彩管理中的重要环节。运用色彩空间模型（如RGB、CMYK）对不同颜色进行系统化管理，可以帮助设计师更好地组织和应用色彩数据。这种分类和编码不仅便于色彩数据的存储和检索，还为后续的设计应用提供了便利。通过这种系统化的管理方式，设计师能够更加高效地进行色彩搭配和设计方案的调整，确保每一个色彩元素都能得到最佳的应用。

在色彩数据的优化与调整过程中，软件工具的使用显得尤为重要。通过这些工具，设计师可以对色彩进行校正和增强，从而提升设计的视觉吸引力。优化与调整不仅是为了满足设计美学的需求，也是为了适应市场的变化和用户的偏好。通过对色彩的细致调整，设计师能够创造出更具吸引力和竞争力的民族服饰图案设计作品。

（三）色彩数字化的应用

通过色彩数字化，设计师能够在创作过程中更精确地选择和应用色彩。数字化工具的使用，如色彩选择软件和调色板，使得设计师在进行色彩搭配时能够更高效地完成工作。这些工具不仅提高了色彩搭配的效率，还提升了设计的准确性，确保每一种色彩的选择都经过精心的考虑和计算，从而更好地展现民族服饰的独特魅力。

色彩数字化在民族服饰图案设计中的即时反馈机制是其应用的一大优势。通过实时数据分析，设计师可以快速获取市场需求的变化信息，并据此调整色彩方案。这一机制帮助设计师在设计过程中保持灵活性和适应性，确保最终的设计作品能够符合市场的最新趋势和消费者的偏好。这种即时反馈不仅提高了设计的市场适应性，还缩短了设计周期，使得新产品能够更快地推向市场。

在色彩数字化技术的整合方面，多种媒介的色彩一致性是一个关键问题。通过色彩数字化技术的支持，设计师能够确保民族服饰图案在不同平台和材料上的视觉效果保持一致。这种一致性对于品牌形象的维护至关重要，能够有效避免因平台或材料差异导致的色彩偏差。通过数字化技术的应用，设计师能够更好地控制和管理色彩的再现，确保每一件作品在任何展示环境中都能完美呈现。

二、数字化工具在色彩搭配中的运用

（一）色彩搭配软件

色彩搭配软件通常具备丰富的功能特点，其中包括调色板、色彩选择器和预设模板等功能，极大地方便了设计师在设计过程中快速选择和应用合适的色彩方案。调色板提供了多样化的色彩选择，设计师可以轻松地在不同色彩之间进行切换，找到最适合的搭配。色彩选择器则允许设计师精准地选取特定的色调和饱和度，确保每一处细节都能完美呈现。而预设模板则为设计师提供了多种风格的色彩方案，节省了设计时间，提高了工作效率。

色彩搭配软件还支持实时预览功能，这一功能使得设计师能够在设计过程中即时查看不同色彩组合的效果，从而快速调整设计方案，提高设计效率。实时预览功能通过直观的视觉反馈，使设计师能够更好地把握色彩之间的微妙关系，确保最终的设计作品能够达到理想的视觉效果。这样的功能对于需要频繁调整和优化的民族服饰图案设计来说尤为重要，能够有效减少试错成本，提高设计的精准度和效率。

色彩搭配软件通常还提供色彩心理学分析工具，这一工具帮助设计师理解不同色彩对消费者情感的影响，从而做出更具有针对性的设计选择。色彩心理学分析工具通过分析色彩与情感之间的关联，为设计师提供科学的指导，使其能够根据目标消费者的心理特征和文化背景，选择最能引发情感共鸣的色彩组合。这种基于数据和心理学的分析方法，使得民族服饰图案设计不仅仅是视觉上的创新，更是情感上的共鸣。

色彩搭配软件的兼容性确保设计师能够将色彩方案无缝导入到其他设计软件和生产流程中，实现高效的工作流。兼容性好的软件能够与各种设计工具和生产设备无缝对接，设计师可以轻松地将色彩方案应用到不同的设计项目中，确保色彩的一致性和准确性。这种高效的工作流对于需要快速响应市场需求的民族服饰图案设计行业来说具有重要意义，能够帮助设计师在激烈的市场竞争中保持领先地位。

（二）数字化色彩模拟

数字化色彩模拟在民族服饰图案的创新设计中，能够通过计算机技术生成多样化的色彩效果以实现设计意图。其基本原理是利用数字化工具模拟真实的色彩环境，使设计师能够在虚拟空间中直观地预览和调整色彩方案。这一过程不仅提高了设计效率，还为设计师提供了更广阔的创作空间，能够更自由地探索色彩的可能性，从而为传统民族服饰注入现代化的视觉元素。

色彩模拟技术的应用极大地便利了民族服饰图案设计，使设计师能够在创作过程中快速调整色彩方案以满足特定设计需求。在设计初期，设计师可以通过数字化工具尝试多种色彩组合，迅速找到最符合设计主题的搭配方案。这种灵活性不仅节省了时间，也减少了材料的浪费。此外，数字化色彩模拟还可以帮助设计师在设计过程中随时进行色彩的微调，以适应不断变化的市场需求和消费者偏好。

利用色彩模拟技术，设计师能够展示多种材质效果，增强设计的真实感与视觉吸引力。通过数字化工具，设计师可以模拟不同材质在不同光照条件下的色彩表现，从而使设计作品更具立体感和层次感。这种技术的运用使民族服饰图案在视觉呈现上更加生动，能够吸引更多的关注和欣赏。同时，设计师可以通过这种技术探索材质与色彩的最佳组合，实现设计的创新与突破。

通过数字化色彩模拟，设计师可以创建动态色彩效果，提升民族服饰图案的现代感与互动性。动态色彩效果不仅赋予设计作品更多的生命力，还能够与观众产生互动，增强观赏体验。这种互动性为民族服饰图案的传播提供了新的可能性，使其在数字化时代更具吸引力和影响力。设计师通过这些创新手段，不仅保留了民族服饰的传统美学，还为其注入了现代科技的活力。

（三）色彩管理系统

色彩管理系统的定义与功能主要体现在确保色彩的一致性与准确性上。通过该系统，设计师能够有效管理和控制设计过程中涉及的各种色彩元素，避免由于设备差异或其他外部因素导致的色彩偏差。这种一致性对于民族服饰图案的数字化创新设计尤为重要，因为色彩往往承载着丰富的文化内涵和历史意义，任何细微的偏差都可能影响到最终作品的文化表达和市场接受度。

色彩管理系统的工作流程包括色彩采集、标准化、存储与应用等多个步骤。首先，通过色彩采集设备获取真实世界中的色彩数据，然后进行标准化处理，以确保色彩在不同设备和介质上呈现的一致性。接着，将标准化后的色彩数据存储在系统中，便于设计师在不同项目中快速调用。这种流程不仅提高了设计效率，也为设计师提供了一个可靠的色彩参考库，使其能够在复杂的设计任务中保持色彩的统一性和准确性。

色彩管理系统中的色彩空间模型应用是其核心技术之一。在民族服饰图案设计中，设计师需要在 RGB、CMYK 等不同色彩模式下进行色彩转换与匹配，以适应不同的输出需求。色彩空间模型的应用使得这种转换过程得以顺利进行。通过精确的色彩计算和匹配，设计师能够确保在不同模式下，色彩的表现效果始终如一。这对数字化设计的质量和效率提高具有重要意义，尤其是在需要跨平台或跨介质输出的项目中。

色彩管理系统与数字化设计工具的整合是实现无缝衔接设计流程的关键。通过将色彩管理系统与主流的数字化设计软件相结合，设计师能够在设计过程中随时调用统一的色彩方案。这种整合不仅简化了设计流程，还减少了由于色彩不一致导致的返工和修改。对于民族服饰图案的数字化创新设计而言，这种整合有助于提高设计效率，确保设计成果的高质量输出，并增强设计师在色彩应用上的灵活性和创造力。

三、色彩对比与和谐在数字化设计中的实现

（一）色彩对比技术

色彩对比的基本原理在于通过对比色的运用来提升设计的视觉冲击力和吸引力。这种技术不是简单的色彩搭配，而是通过对比色的巧妙运用，使得设计作品在视觉上更具吸引力。尤其是在民族服饰图案设计中，设计师常常利用互补色来创造强烈的视觉效果。这种运用不仅能增强图案的层次感，还能使每一个设计元素在整体中都显得更加突出和富有生命力。

合理运用色彩对比技术，可以有效地引导消费者的视线，突出设计的重点元素，使其更具辨识度。在数字化设计的背景下，这种技术尤为重要。通过对比色的运用，设计师可以在作品中强调某些关键元素，从而使消费者的目光自然地被吸引到这些元素上。这种技术不仅提高了设计作品的辨识度，还增强了

作品的记忆点，使消费者在视觉上留下深刻的印象。

通过明度和饱和度的对比，设计师可以进一步增强设计的深度与立体感，使图案在视觉上更加生动。这种对比不仅仅是色彩的对比，还包括了色彩的明暗变化和饱和度差异。通过这种对比，设计作品可以在二维的平面上展现出三维的立体效果，使得民族服饰图案在视觉上更加栩栩如生，富有动感和层次感。

色彩对比技术在数字化设计中的应用，为设计师提供了更多的创意空间，促进了设计的多样性与创新性。在数字化的背景下，设计师可以通过计算机软件自由地调整和实验不同的色彩对比方案，从而探索出更多的设计可能性。这种技术的应用不仅丰富了民族服饰图案的表现形式，也为传统文化的现代化表达提供了新的途径和视角。通过色彩对比技术，民族服饰图案的数字化创新设计得以在保留传统文化精髓的同时，展现出更多的现代创意和设计活力。

（二）色彩和谐原则

色彩和谐的基本原则强调，通过色彩的相互关系创造视觉上的统一感与美感，这不仅提升了设计的整体观感，也增强了图案的文化表达力。在数字化设计中，运用色轮理论是实现色彩和谐的有效方法。通过选择相邻色或类似色进行搭配，可以达到柔和且自然的视觉效果，这种效果在民族服饰图案中尤为重要，因为它能够在保持传统美感的同时，赋予图案现代的视觉吸引力。此外，色彩和谐原则还要求设计师在色彩选择过程中，充分考虑图案的文化背景和消费者的心理需求，以确保设计的情感表达与文化认同感。

在色彩搭配中，合理运用暖色与冷色的搭配，是实现色彩和谐的又一重要策略。暖色和冷色的结合可以增强设计的层次感和活力，使得民族服饰图案在数字化呈现时更加生动。对比色和补色的运用则为设计增加了视觉冲击力和深度感。在民族服饰图案的数字化设计中，设计师需要通过对色彩对比的巧妙运用，来突出图案的重点部分，同时保持整体的和谐美感。这种对比与和谐的平衡，不仅提升了图案的视觉吸引力，也增强了其在数字化传播中的影响力。

色彩的明度和饱和度调整是实现色彩和谐的关键手段之一。通过对色彩明度的调整，可以在设计中创造出富有深度和空间感的效果，使得图案不再是平面的，而是具有立体感和层次感。饱和度的调整则能够有效控制色彩的鲜艳程度，避免过于刺眼或单调的视觉效果。在民族服饰图案的数字化设计中，设计师需要灵活运用这些技术手段，以确保色彩的和谐与平衡，从而在视觉上给观众带来愉悦的体验。

（三）色彩调和方法

色彩调和不仅仅是一种美学选择，更是一种科学方法，通过精心的色彩选择与搭配，能够有效提升设计的整体协调性与视觉吸引力。色彩调和方法的核心在于对色彩关系的理解与应用，这不仅涉及色彩的基本属性，还包括色彩在文化中的象征意义及其对受众的情感影响。

运用色轮理论，通过选择相邻色或类似色进行搭配，可以创造出柔和且自然的视觉效果。相邻色在色轮上位置相近，具有相似的色相，这种搭配方式能够有效地增强整体和谐感，避免色彩冲突带来的视觉不适。类似色的运用则可以在保持色调一致的同时，提供微妙的色彩变化，使设计更具层次感和细腻度。这种方法在民族服饰图案的数字化设计中尤为重要，因为它能够在保持传统色彩风格的同时，为设计注入现代感。

在色彩调和中，结合暖色与冷色的搭配，合理运用对比色和补色，是提升设计层次感和活力的关键。暖色调如红、橙、黄，通常给人以热情、活力的感受，而冷色调如蓝、绿、紫，则传达出宁静、清新的氛围。在设计中，巧妙地结合这两种色调，可以在视觉上形成鲜明的对比，增强图案的吸引力。此外，补色的使用能够在色彩对比中形成强烈的视觉冲击，使图案更为引人注目，同时赋予设计以动感和生命力。

通过调整色彩的明度和饱和度，设计师可以确保不同色彩之间的平衡，创造出富有深度和空间感的设计效果。明度的变化可以影响色彩的明暗对比，而饱和度则决定色彩的鲜艳程度。在民族服饰图案的数字化设计中，适当的明度与饱和度调整，可以使图案在视觉上更具层次感，赋予设计以立体效果和空间感。这种方法不仅提升了设计的美观度，还增强了其在数字化展示中的表现力。

四、民族服饰图案数字化创新设计的色彩管理

（一）色彩模式的选择与转换

色彩模式的选择应依据最终产品的展示媒介，这包括印刷品、屏幕等不同的展示方式。每种媒介对色彩的呈现方式不同，因而选对色彩模式能确保色彩的准确再现。例如，RGB 模式适用于屏幕显示，而 CMYK 模式则更适合印刷品。设计师需要对这些色彩模式的特性有深入了解，以便在具体的应用场景中

做出合适的选择，从而达到最佳的视觉效果。

在色彩转换过程中，设计师还需特别注意色彩空间的限制。不同的色彩空间有各自的色域范围，转换过程中如果不加以注意，可能会导致色彩损失和失真。因此，设计师在进行色彩模式转换时，应尽量减少这种损失，确保最终设计的色彩表现能够忠实于原稿。这需要设计师对色彩管理系统的熟练运用，通过这些系统来统一不同媒介中的色彩表现，从而确保设计的一致性与专业性。

色彩模式的选择和转换不仅是技术上的考量，还需要结合目标受众的文化背景与心理感受。不同的文化对色彩有不同的理解和偏好，设计师在进行民族服饰图案设计时，应充分考虑这些因素，以增强设计的情感共鸣与吸引力。通过对文化背景的研究和理解，设计师可以选择更加贴合受众心理的色彩模式，使得设计作品不仅在视觉上引人注目，更在情感上与受众产生共鸣，达到传播民族文化的目的。

（二）色彩校准与一致性的保证

色彩校准不仅涉及技术层面的操作，更是设计过程中不可或缺的一部分。通过建立色彩校准标准，设计师可以在不同设备上实现一致的色彩输出，这对保持设计作品的完整性和一致性至关重要。不同的设备可能会因其硬件和软件的差异导致色彩表现的偏差，因此，制定统一的色彩校准标准能够有效减少这些差异带来的问题，确保最终呈现的作品符合设计师的预期。

为了实现色彩的一致性，定期进行设备色彩校准是必要的。打印机、显示器等输出设备在使用过程中可能会因环境变化、设备老化等原因导致色彩表现的偏差。通过定期校准，可以确保这些设备的色彩输出符合设计要求，避免因设备问题影响作品的质量。设备的色彩校准不仅能够提高设计的准确性，还能够提高工作效率，减少因色彩问题导致的返工。

色彩管理软件在色彩校准过程中扮演着重要角色。通过使用这些软件，设计师可以实时监测和调整设备的色彩表现，减少因设备差异导致的色彩失真。这些软件能够提供精确的色彩数据，使设计师能够在设计过程中做出更加准确的色彩决策。色彩管理软件的运用，不仅提高了色彩校准的效率，也提升了设计作品的色彩质量。

（三）色彩管理在数字化设计流程中的重要性

色彩管理不仅仅是设计流程中的一个环节，更是贯穿整个设计过程的核心要素。通过色彩管理，设计师能够在不同的媒介上实现色彩的一致性，避免因设备差异造成的视觉偏差。这种一致性对于民族服饰图案的数字化设计尤为重要，因为它确保了设计在不同展示平台上的忠实再现，从而维护了民族服饰的文化特色和视觉美感。

色彩管理的另一个重要作用在于实时监测色彩表现，使设计师能够根据市场需求及时进行调整。在快速变化的市场环境中，消费者的审美偏好和流行趋势不断演变，设计师需要具备灵活应对的能力。通过色彩管理系统，设计师可以在设计过程中随时调整色彩方案，以确保最终产品能够满足市场的期望。这种灵活性不仅提高了设计的适应性，还增强了产品的市场竞争力。

色彩管理系统的应用显著提高了设计效率。通过减少因色彩失真而导致的返工和材料浪费，色彩管理优化了资源配置。在民族服饰图案的数字化设计中，色彩的精确表现对于工艺和材料的选择至关重要。有效的色彩管理能够减少不必要的试错过程，从而节省时间和成本，提高了整体设计流程的效率和可持续性。

第四节　民族服饰图案数字化创新设计的构图与元素

一、民族服饰图案的构图原则

（一）对称与均衡的构图法则

对称的构图能够增强民族服饰图案的稳定性和和谐感，使设计更具吸引力。通过对称的安排，图案的各个部分在视觉上形成均衡的关系，这种和谐的视觉体验不仅使设计作品更具吸引力，而且传递出一种传统文化的庄重与肃穆。对称的运用在许多民族服饰中是常见的，不仅因为其美学价值，更因为其在文化传承中的象征意义。

均衡的构图能够有效引导观众的视线，使图案的各个元素得到合理的视觉分配。通过精确的视觉平衡，设计师可以确保每个图案元素在整体设计中都能发挥其应有的作用，而不会被其他元素所掩盖。这种均衡不仅体现在图案的几何分布上，也体现在色彩的搭配与线条的运用上。均衡的构图使得图案更加易于理解和欣赏，同时也为观众者提供了一种视觉上的舒适感。

对称与均衡的构图法则可以提升图案的文化象征意义，增强消费者的文化认同感。在民族服饰设计中，图案不仅仅是装饰元素，更是文化的载体。通过对称与均衡的构图，设计师能够更好地传达民族文化的内涵，使消费者在欣赏服饰的同时，也能感受到深厚的文化底蕴。这种文化认同感是设计成功的重要标志，能够有效增强消费者对产品的情感联结。

在数字化设计中，利用对称与均衡的构图可以增强设计的可视化效果，提升整体艺术感。数字化工具的应用，为设计师提供了更多的可能性，通过对称与均衡的构图，设计师能够创造出更具冲击力的视觉效果。数字化技术不仅提高了设计的精确性，也使得复杂图案的创作变得更加便捷。通过数字化手段，设计师可以更好地实现传统设计理念与现代技术的结合，创造出符合现代审美的民族服饰图案。

（二）节奏与韵律的表现形式

节奏与韵律在民族服饰图案中的表现形式多样，通过元素的重复与排列，设计师能够创造出视觉的流动感，增强整体设计的动感与活力。这样的设计将静态的图像通过有规律的排列和重复，形成一种动态的视觉体验。节奏感的体现使得观者在视觉上感受到一种连续的运动，这种运动感可以通过不同的元素组合和排列方式来实现，使得图案更加具有生命力和吸引力。

韵律的运用同样重要，它使得图案在视觉上形成和谐的节奏感，帮助观者产生愉悦的体验，同时提升文化的传达效果。韵律的设计往往通过对称与不对称、重复与变化等手法实现，使得图案在视觉上既有统一感又有变化感，从而在观赏过程中带来一种流畅而富有节奏的视觉享受。这种设计不仅在视觉上吸引观者，也在情感上与观者产生共鸣，增强文化的影响力。

通过对比与变化的节奏设计，设计师能够引导观者的视线流动，使得服饰图案在细节与整体之间形成动态的互动关系。这种设计策略不仅在静态图案中有效，在动态展示中也同样适用。通过对比的运用，设计可以在视觉上制造出焦点，引导观者的注意力，从而在观赏过程中形成一种动态的视觉旅程。这种互动关系在数字化展示中尤为重要，因为它能够通过视觉引导增强观者的参与感。

节奏与韵律在色彩运用中的结合，利用色彩的变化与配比，能够增强图案的视觉层次感与情感表达。在民族服饰图案设计中，色彩不仅仅是装饰的手段，更是传达情感和文化内涵的重要媒介。通过色彩的节奏变化，设计师可以在视觉上营造出不同的氛围，使得图案在传达文化信息的同时，也在情感上引发观者的共鸣。这种色彩的运用不仅丰富了图案的视觉效果，也深化了其文化意义。

（三）比例与尺度在构图中的应用

合理的比例能够影响视觉的重心和焦点，使设计元素之间达到和谐与统一。在民族服饰图案的数字化创新设计中，设计师通过调整比例来确保每个元素在整体构图中占据适当的位置，从而形成一个视觉上平衡且具有吸引力的图案。通过对比例的巧妙运用，设计师可以在视觉上引导观者的注意力，使其自然地聚焦于设计中最具特色的部分，这不仅提升了图案的艺术价值，也增强了其商业吸引力。

适当的尺度运用则为民族服饰图案增添了层次感，使观者在视觉上体验到丰富的空间感。不同尺度的图案元素可以在同一设计中创造出前景与背景的对比，从而增强图案的深度和立体感。在数字化设计中，尺度的变化不仅限于二维平面，而是可以通过三维建模技术进一步拓展，这使得民族服饰图案在现代媒介中展现出更为多样化的表现形式。观者在欣赏这些图案时，能够感受到设计师对于空间布局的精细考量，这种视觉上的层次感为民族服饰增添了独特的魅力。

比例与尺度的合理搭配不仅有助于突出关键设计元素，还使其在整体构图中更加显眼，从而吸引消费者的注意。在数字化时代，设计师可以利用软件工具对图案的比例与尺度进行精确调整，以适应不同的展示环境和媒介需求。这种灵活性使得民族服饰图案能够在各类平台上保持其独特的视觉效果，无论是小型的数码屏幕还是大型的广告牌。通过对比例与尺度的精准把控，设计师能够赋予民族服饰图案以新的生命力，使其在现代社会中焕发出持久的魅力。

在数字化设计中，比例与尺度的调整不仅限于视觉效果，还涉及图案的灵活变换。设计师可以通过数字技术实现图案在不同媒介和展示环境中的自适应调整，这种灵活性极大地拓宽了民族服饰图案的应用范围。无论是在传统的服饰设计中，还是在现代的数字媒介中，比例与尺度的精妙调整都能使图案在保持其文化内涵的同时，适应现代审美的变化。这种对比例与尺度的创新应用，不仅是对传统民族服饰图案的一种现代诠释，更是对其文化价值的再发现与再创造。

二、民族服饰图案数字化创新设计的构图形式

（一）中心式构图

中心式构图是一种在设计中将主要元素置于视觉中心的构图形式。通过这种方式，设计可以形成一个明显的视觉焦点，从而有效地吸引观者的注意力。中心式构图不仅在视觉上具有强烈的吸引力，还能通过其对称性和均衡感，增强整体设计的和谐性。这种构图形式在民族服饰图案中尤为重要，因为它能够突出重要的文化符号和主题，使得服饰的文化内涵更加鲜明和突出。

在数字化设计环境中，中心式构图的实现变得更加简便。设计师可以利用各种软件工具，将复杂的图案元素精准地置于设计中心，从而提高设计的灵活性和效率。数字化工具不仅简化了传统手工设计中的烦琐步骤，还允许设计师快速尝试不同的构图方案，提升作品的创意表现力。在这个过程中，中心式构图的对称性和均衡性可以通过数字化手段得到更好的控制和优化，使得最终的设计作品更加完美。

中心式构图在民族服饰图案中的应用，不仅仅是为了美学上的考虑，更是为了传达特定的文化信息。通过将关键的文化符号置于中心，可以更有效地传递民族文化的核心价值观和历史背景。这种构图形式适合用于那些需要强调文化意义和传统象征的设计项目，使得观者在欣赏图案的同时，也能感受到其中蕴含的深厚文化底蕴。

（二）散点式构图

在民族服饰图案的数字化创新设计中，散点式构图是一种极具表现力的形式。通过将设计元素随机分布于画面中，这种构图形式能够创造出动态和活泼的视觉效果，极大地增强设计的趣味性。散点式构图的灵活性使得设计师可以在图案中融合多样的文化元素，每个元素既能独立展示其独特的文化内涵，又能与其他元素和谐共存。这种设计策略不仅打破了传统对称设计的局限性，还使作品更具现代感和创新性，满足当代消费者对个性化设计的追求。

散点式构图的优势在于其能够有效地打破传统设计的对称性，赋予设计作品更多的现代感和创新性。这种构图形式不仅仅是对传统设计方法的挑战，更是对现代设计理念的呼应。随着消费者对个性化和独特性的需求不断增加，散

点式构图为设计师提供了一个能够灵活表达和大胆创新的平台。通过这种方式，设计作品能够更好地适应当代市场的变化，满足消费者的多样化需求。

散点式构图还能够引导观者的视线在图案中自由流动，增强视觉探索的乐趣。这种视觉体验的提升不仅增加了观者的参与感，也增强了设计作品的互动性。通过散点式构图，观者可以在欣赏图案的过程中，自由探索其中蕴含的文化意义和设计巧思。这种互动体验不仅丰富了观者的视觉感受，也在无形中加强了他们与设计作品之间的情感联结。

（三）连续式构图

在民族服饰图案的数字化创新设计中，连续式构图作为一种重要的构图形式，通过重复元素的排列，创造出一种流动感，使观者在视觉上感受到节奏与动态。这种构图形式不仅能够赋予设计作品以生命力，还能够通过视觉的连贯性和节奏感，吸引观者的注意力，使其在欣赏过程中感受到一种动态的美感。这种流动感在民族服饰图案中尤为重要，因为它能够将静态的图案转化为一种动态的视觉体验，让观者在观赏过程中感受到民族文化的活力与生命力。

连续式构图的另一个重要功能是通过元素的延续性增强设计的叙事性与深度。民族服饰图案往往承载着丰富的文化内涵和历史故事，连续式构图能够通过元素的重复与延续，将这些故事以一种连贯的方式呈现出来，使观者在欣赏图案的同时，能够感受到背后蕴含的文化故事。这种叙事性不仅增强了设计作品的文化价值，也使其在视觉上更具吸引力和深度，能够引导观者深入探索图案背后的文化意义。

连续式构图特别适合表现民族服饰的传统图案，通过元素的相互连接，体现出文化的传承与延续。在许多民族的服饰中，传统图案往往具有特定的文化象征意义，连续式构图能够通过元素的重复与连接，将这些象征意义以一种连贯的方式展现出来，增强设计作品的文化传承性。这种构图形式不仅能够保留传统图案的文化精髓，还能够通过现代设计手法赋予其新的生命力，使其在当代设计中焕发出新的活力。

在数字化设计中，连续式构图具有很高的灵活性，可以通过调整元素的排列与间距，提升设计的适应性与个性化。数字化技术的应用使得设计师能够更加自由地操作图案元素，通过调整元素的排列方式和间距，创造出不同的视觉效果。这种灵活性不仅能够满足不同设计需求，还能够通过个性化的设计，吸引更多的观者，使民族服饰图案在现代设计中展现出独特的魅力。

三、民族服饰图案数字化创新设计的元素提取

（一）传统图案元素的筛选与提取

通过对不同民族服饰图案的研究，设计师可以识别出具有代表性的图案元素，这些元素不仅承载着丰富的文化象征意义，同时也是民族身份的重要标志。在筛选过程中，设计师需要考虑图案的来源、历史演进及其在民族文化中的地位，确保筛选出的元素能够准确反映特定民族的文化精髓。

每一种传统图案元素都蕴含着独特的文化象征意义，这些意义在民族服饰中扮演着重要角色。通过深入分析这些图案的文化象征意义，设计师能够更好地理解其在民族服饰中的功能和价值。这种分析不仅有助于保护和传承传统文化，还能为现代设计提供灵感来源。在进行文化象征意义分析时，设计师应结合历史资料和民族学研究，确保对图案元素的理解准确且全面。

在现代设计中，传统图案元素的适用性评估至关重要。设计师需要判断这些元素在现代设计中的使用是否恰当，以及如何在不失去其文化意义的情况下进行创新。适用性评估包括对图案元素在不同设计领域的应用潜力进行分析，确保其在现代设计中能够被有效地整合和表达。这一过程要求设计师具有敏锐的设计洞察力和对传统与现代设计语言的深刻理解。

提取传统图案元素的视觉特征是数字化创新设计的基础。设计师需要运用现代技术手段对这些元素进行数字化处理，以捕捉其独特的视觉特征。通过图像分析、计算机视觉等技术，设计师可以提取出图案的线条、形状、颜色等视觉特征，为后续的数字化设计提供素材。这一过程不仅提升了设计效率，也为传统图案元素的保存与传播开辟了新途径。

（二）现代元素与民族图案的融合

现代设计理念的融入，不仅丰富了民族图案的表现形式，也提升了其在市场中的吸引力。通过简约、功能性和时尚感的结合，设计师能够创造出既保留民族文化特色，又符合现代审美的作品。这种设计策略使民族服饰图案在国际市场上更具竞争力，吸引了更多年轻消费者的关注。

1. 色彩运用的创新

设计师将现代流行色彩与传统民族色彩相结合，为作品注入新的活力。这

种色彩的对比和融合，不仅增强了视觉冲击力，还赋予了作品更深刻的文化内涵。通过色彩的巧妙运用，设计师能够在保留民族传统的同时，创造出具有时代感的设计作品，为民族服饰图案的现代化传播提供了新的可能性。

2. 材料选择的多样化

新型环保材料的运用，不仅提升了民族服饰的舒适性和功能性，也符合当前可持续发展的趋势。将这些材料与传统面料相结合，设计师能够创造出既环保又具有民族特色的服饰，满足现代消费者对绿色产品的需求。这种材料的创新使用，丰富了民族服饰图案的表现形式，推动了其在国际市场的推广。

（三）元素提取的方法与技巧

通过对不同民族服饰的图案进行系统化的分析，设计师能够识别和分类传统图案元素。这一过程不仅依赖于对图案的视觉观察，还需要深入理解其背后的文化象征意义。每一种元素都承载着丰富的历史和文化内涵，因此，准确地提取出这些元素对于保持设计的文化真实性至关重要。设计师需要运用多种分析工具和方法，以确保提取的元素能够在现代设计中有效应用，同时保持其文化的独特性。

在视觉特征的数字化提取中，图像处理软件的运用显得尤为关键。通过这些软件，传统图案可以被放大和细致分析，以提取出线条、形状和纹理等关键视觉元素。这些元素构成了图案的基础，并决定了其视觉冲击力。数字化提取技术不仅提高了图案元素的识别精度，也为后续的设计应用提供了更多的可能性。设计师可以通过数字化手段，更加灵活地对这些元素进行调整和再创作，从而在现代设计中实现传统与创新的结合。

元素的简化与抽象是数字化创新设计中的另一重要步骤。传统图案往往复杂多变，设计师需要将其进行简化处理，提取出核心元素。这一过程不仅是一种技术挑战，也是一种艺术创作。通过简化，设计师能够保留图案的精髓，使其在现代设计中更具适应性和表现力。同时，简化后的元素更容易被应用于不同的设计载体，从而扩大其传播范围和影响力。在这一过程中，设计师需要在保持文化内涵和实现现代美学之间取得平衡。

数字化工具的运用为元素的再创作提供了更多可能性。利用3D建模和矢量图形软件，设计师可以对提取的元素进行再创作，提升设计的表现力与互动性。这些工具不仅扩展了设计师的创作空间，也为设计的传播和应用提供了新的渠道。通过数字化工具，设计师可以更加直观地展示设计理念，并与观者进行互动，从而增强设计的影响力和传播效果。数字化创新设计不仅是技术的进步，也是设计思维的革新。

四、民族服饰图案数字化创新设计的空间感营造

（一）透视原理在图案设计中的应用

通过透视原理，设计师能够在二维平面上创造出三维空间的视觉效果，使图案更具立体感和深度感。这一技术的应用不仅丰富了图案的视觉表现力，还为传统民族服饰注入了现代设计的活力。透视原理的基本概念包括消失点、视平线、视角等，这些元素在图案设计中巧妙运用，能够有效地增强图案的空间感，使其更具吸引力和动感。现代数字化工具的介入，使得透视原理的应用更为便捷和精准，为设计师提供了更广阔的创作空间。

透视原理的基本概念及其在图案设计中的重要性体现在多个方面。首先，透视原理通过模拟人类视觉的自然规律，使图案更符合视觉认知习惯，从而增强图案的真实感和亲和力。其次，透视原理可以帮助设计师更好地组织图案中的各个元素，使其在空间中更具层次感和协调性。通过透视原理，设计师能够在有限的平面中展示无限的空间可能性，这对于民族服饰图案的创新设计具有重要的推动作用，能够让传统文化在现代设计中焕发新生。

透视原理在构图中的应用，不仅增强了图案的立体感和空间感，还对消费者的心理产生了积极影响。立体感强烈的图案能够激发消费者的视觉兴趣，吸引他们更深入地了解图案背后的文化内涵和设计理念。这种视觉上的冲击和吸引力，能够提升消费者对民族服饰的文化认同感，促进民族文化的传播和发展。

此外，通过透视原理创造视觉深度，也为设计师提供了更多的创作灵感，使得民族服饰图案在现代设计中更具竞争力和市场吸引力。利用透视原理创造视觉深度，使图案更具吸引力，这不仅是设计技巧的提升，也是文化传播策略的创新。深厚的视觉效果能够激发观者的好奇心，使他们在欣赏图案的同时，更愿意去探索图案背后的文化故事和历史背景。

透视效果的巧妙运用，可以将传统民族服饰中蕴含的文化符号以更具现代感的形式呈现出来，从而实现传统与现代的完美结合。这种视觉上的创新，不仅丰富了民族服饰的设计语言，也为其在全球化背景下的传播提供了新的可能。

（二）虚实关系对空间感的影响

虚实关系通过对比的方式增强了图案的空间感，使设计作品在视觉上呈现出更丰富的层次和深度。这种对比不仅仅是简单的明暗对比，还包括形状、大小、材质等多方面的差异。通过巧妙地运用这些元素，设计师能够在二维的平面上创造出具有三维效果的图案，使观者在欣赏时感受到一种立体的视觉冲击。这种空间感的营造，不仅提升了图案的美学价值，也增强了其在市场中的竞争力。

虚实关系在民族服饰图案设计中，还能够通过动态的表现手法，创造出富有动感的图案。设计师通过对虚实元素的灵活运用，使得静态的图案仿佛具有了生命力，观者在视觉体验中能够感受到服饰的生动性和活力。这种动感的营造，可以通过元素的排列、线条的流动以及色彩的渐变来实现，使得图案不仅仅是视觉的享受，更是一种情感的交流。这种设计手法在数字化时代尤为重要，因为它能够在瞬息万变的视觉文化中，吸引观者的注意力，并留下深刻的印象。

此外，虚实关系的运用还能引导观者的视线流动，使得设计中的重要元素更具吸引力。通过对虚实关系的精确控制，设计师可以将观者的视线引导至图案中的焦点，从而突出设计的主题和核心元素。这种视觉引导不仅增强了整体的视觉效果，也使得图案在传递文化信息时更加清晰和有力。在数字化设计中，这种引导作用尤为关键，因为它能够在信息过载的环境中，帮助观者迅速抓住设计的精髓。

（三）营造空间感的其他方法

1. 色彩层次的变化

不同色彩的层次变化可以使平面设计呈现出立体效果，增加视觉的趣味性和吸引力。色彩的明暗对比、冷暖搭配等技巧都可以用来创造出丰富的视觉层次，使观者在欣赏图案时感受到一种深邃的空间感。

2. 光影效果的运用

通过模拟自然界中的光影变化，设计师可以赋予图案更多的真实感和动态表现力。光影的变化可以使图案中的元素显得更加立体，使观者在视觉上感受到不同的空间层次。光影的巧妙运用不仅可以提升图案的美感，还可以增强观者的参与感，使其在欣赏图案时产生身临其境的体验。

3. 材质的厚度与质感

结合不同材质的表现，通过材质的厚度与质感，设计师可以进一步增强设计的空间层次感。不同材质的运用可以在视觉上创造出多样的触感和观感，使图案显得更加丰富和生动。材质的选择和处理不仅影响图案的视觉效果，还可以传达特定的文化内涵和情感。通过对材质的巧妙运用，设计师可以在数字化平台上重现传统民族服饰的质感与风貌。

4. 图案的排列方式

通过创造前景与背景的对比，设计师可以增强视觉的深度与层次。这种对比可以通过大小、颜色、形状等元素的变化来实现，使图案在视觉上形成强烈的层次感。合理的排列方式不仅可以提升图案的美感，还可以引导观者的视线，使其在欣赏过程中体验到空间的变化与流动。

5. 动态元素的引入

动态元素的引入能够有效地营造出流动的空间感，使图案在视觉上更具活力与吸引力。动态元素可以是图案中某些部分的运动模拟，也可以是整体设计中变化的节奏感。通过动态元素的运用，设计师可以使静态的图案呈现出动态的效果，吸引观者的注意力，并增强其对图案的记忆和理解。这种动态的空间感不仅提升了图案的视觉效果，还为其赋予了更多的文化和艺术价值。

第三章　民族服饰图案数字化重构与再生

第一节　民族服饰图案数字化重构与再生的概念

一、民族服饰图案数字化重构的基本概念与技术特征

（一）民族服饰图案数字化重构的基本概念

民族服饰图案数字化重构是一个将传统民族服饰图案通过现代数字技术进行重新设计和呈现的过程。这一过程不是对图案的简单复制，而是通过数字化手段对其进行深入的分析和再创作。民族服饰图案数字化重构的核心在于对传统图案的视觉元素进行解构和重组，使其在现代背景下焕发新的生命力。这一过程要求设计者具备深厚的文化理解力和数字技术的运用能力，以便在保留传统文化精髓的同时，实现图案的创新表达。

民族服饰图案数字化重构不仅仅关注图案的可视化呈现，还涉及对其文化内涵和艺术价值的再诠释。在这一过程中，设计师需要深入挖掘图案背后的文化故事和艺术传统，将其转化为数字语言，使观者能够通过数字化作品感受到传统文化的深邃与美丽。通过这种方式，民族服饰图案数字化重构不仅是对传统图案的再现，更是对其文化价值的现代解读和传播。

（二）民族服饰图案数字化重构的技术特征

计算机辅助设计（CAD）技术的应用，为民族服饰图案的设计带来了革命性的变化。通过CAD技术，设计师能够精确地控制图案的细节，从而提升设计的精度和效率。这种技术的应用不仅缩短了设计周期，还使得复杂图案的设计变得更加可行。此外，CAD技术的使用还促进了设计师与工艺师之间的沟通与协作，使得传统手工艺与现代技术的结合更加紧密。

数字图像处理技术的运用，为民族服饰图案的颜色和形状调整提供了极大的灵活性和多样性。这一技术使得设计师可以在数字环境中快速尝试不同的色彩组合和形状变体，而无须进行实际的物理试验。这种灵活性不仅节省了时间

和资源，还为设计师提供了更大的创作空间。通过数字图像处理技术，设计师能够更好地捕捉民族服饰图案的精髓，并在保留传统特色的同时进行创新。

三维建模技术的引入，为民族服饰图案的立体表现和虚拟试穿提供了新的可能性。通过三维建模，设计师可以在数字空间中创建出逼真的服饰模型，使得图案的立体效果和细节表现更加生动。这一技术的应用，不仅有助于提升设计的视觉冲击力，还为消费者提供了虚拟试穿的机会，使其能够在购买前更好地了解服饰的实际效果。这种技术的使用，极大地增强了消费者的购买体验和信心。

增强现实（AR）和虚拟现实（VR）技术的结合，使得用户能够以沉浸式体验感受民族服饰图案的文化魅力。AR 和 VR 技术的应用，使得用户可以在虚拟环境中与民族服饰图案进行互动，感受其独特的文化内涵。这种沉浸式体验不仅提升了用户的参与感和兴趣，还为民族服饰图案的传播和推广提供了新的途径。通过 AR 和 VR 技术，民族服饰图案的文化价值得以更广泛地传播和接受。

二、民族服饰图案再生设计的基本原则

（一）可持续性原则

可持续性原则强调对传统民族服饰图案的尊重与保护，确保在数字化重构的过程中不失去其文化根基。数字化设计不仅是技术的创新，更是文化的传承与延续。因此，在进行民族服饰图案的数字化再生时，设计师需要深入了解这些图案背后的文化内涵和历史背景，以避免在创新中丢失其独特的文化价值。这种尊重与保护的态度不仅有助于保持文化的连续性，也为设计的创新提供了深厚的文化土壤。

设计师在创作过程中融入可持续发展的理念，可以促进社会、经济与环境的和谐共生。这种理念的融入不仅体现在设计的具体操作中，还体现在设计师的思维方式和价值观上。通过将可持续发展作为设计的核心原则，设计师能够创造出既具有创新性又符合生态伦理的作品。这种设计理念的推广，不仅能够提升整个行业的可持续性水平，还能够引导消费者选择更具生态责任感的产品，从而推动整个社会向可持续发展的方向迈进。

数字化设计的生命周期管理是实现可持续性原则的重要手段。关注从设计

到生产再到消费的全链条可持续性，可以确保每一个环节都符合可持续发展的标准。通过建立完善的生命周期管理体系，设计师可以对设计过程中的每一个阶段进行有效监控和评估，从而确保设计的可持续性。这样的管理体系不仅能够提高设计的效率和质量，还能够减少资源浪费和环境污染，为民族服饰图案数字化重构提供强有力的支持。

（二）创新性原则

设计师应积极探索新材料和新工艺，以激发创意和提升作品的独特性。通过引入新型纤维、环保材料和先进的数字印花技术，传统的民族服饰图案可以获得新的生命力，不仅在视觉上更具吸引力，还能在功能性上满足现代需求。这种创新不仅是对传统工艺的传承，更是对其进行现代化诠释的必要手段。

跨学科合作是创新性原则的关键方面之一。设计师需要与艺术、科技、社会学等领域的专家进行深度合作，以推动民族服饰图案的创新设计。通过与科技领域的结合，设计师可以利用虚拟现实和增强现实技术来模拟和展示服饰的设计效果；与社会学的结合，则可以更好地理解不同文化背景下消费者的审美偏好和社会需求，从而设计出更具文化包容性的作品。这种跨界合作能够为民族服饰图案的数字化重构带来新的视角和灵感。

用户的参与在创新性设计中扮演着至关重要的角色。通过众包平台，设计师可以收集到来自全球用户的反馈和创意，增强设计的互动性和多样性。用户参与设计过程，不仅提高了设计的针对性和实用性，还能在一定程度上激发用户的创作热情，形成一种良性互动。用户的反馈能够帮助设计师及时调整设计策略，使作品更贴近市场需求。

（三）文化传承原则

在民族服饰图案的数字化重构与再生过程中，文化传承原则强调在设计过程中对传统文化的尊重，确保数字化设计不仅仅是形式上的创新，同时还保留民族服饰图案的历史和文化背景。数字化技术为传统图案的再生提供了新的手段，但必须谨慎使用，以免丧失其固有的文化价值。这种设计策略要求设计师深入理解民族服饰的文化内涵，并在数字化转换过程中保留其独特的传统元素，确保其在现代设计中的延续和发展。

文化传承原则还强调地方文化的参与，通过社区合作与互动，增强民族服饰图案的文化认同感。在数字化再生的过程中，地方文化的参与不仅可以提供丰富的文化素材，还能增强当地居民对自身文化的认同感和自豪感。这种参与模式可以通过与当地社区的合作来实现，邀请社区成员参与设计过程，收集他们的意见和建议，从而确保设计作品能够真实反映地方文化的特色和精神。

鼓励跨代际交流是实现文化传承的重要手段之一，尤其是在推动年轻设计师与传统工艺师之间的合作与知识传承方面。年轻设计师在数字化技术方面具有优势，而传统工艺师则掌握着丰富的手工技艺和文化知识。通过跨代际的合作，可以实现技术与传统的有机结合，推动民族服饰图案在现代设计中的再生与创新。这种合作不仅有助于传统技艺的保护与传承，也为年轻设计师提供了宝贵的学习机会。

三、民族服饰图案数字化重构的文化价值

（一）文化多样性保护

不同民族的服饰图案通过数字化技术得以保存和传播，这在全球化的背景下显得尤为重要。通过高精度的数字化记录和再现技术，民族服饰图案得以永久保存，为文化遗产的保护提供了全新的手段。这不仅确保了各民族独特的文化符号不被遗忘，还为文化的传承提供了坚实的基础。数字化平台的兴起，使得各民族的服饰文化可以更便捷地展示和交流，这种便利性增强了文化多样性的认知与欣赏。数字化技术的应用，不仅是对文化的保存，更是对文化的再生，为文化的多样性提供了新的生命力。

数字化设计过程中，互动性与参与性是其突出的特点之一。这种特性鼓励来自不同文化背景的设计师和消费者共同参与到文化创作与传承的过程中。通过数字化平台，设计师可以更自由地探索和创新，消费者也能够更直接地参与到文化产品的设计中。这种互动不仅促进了文化的交流与融合，也为文化的保护和再生提供了新的视角和途径。数字化技术的应用，使得文化的传承不再是单向的，而是一个多主体参与的动态过程，这为文化多样性的保护提供了新的可能性。

数字化重构为民族服饰图案的创新开辟了广阔的空间。传统文化元素与现代设计理念的融合，通过数字化手段得以实现。这种融合不仅丰富了文化的表现形式，也推动了文化的创新与发展。数字化技术为设计师提供了无限的创作

可能，他们可以在传统与现代之间找到新的平衡点，从而创造出具有时代感的文化产品。这种创新不仅是对传统文化的尊重和继承，也是对现代文化的探索和开拓。数字化重构在推动文化多样性、丰富性方面的作用，不仅体现在文化产品的创新上，更体现在文化观念的更新上。

民族服饰图案数字化重构不仅是技术的进步，更是文化的进步。在全球化的浪潮下，文化的多样性面临着巨大的挑战，而数字化技术为这种多样性提供了新的保护和发展路径。通过数字化重构，民族服饰图案不仅得以保存和传播，还在新的文化语境中焕发出新的生机。这种文化的再生，不仅是对过去的回顾，也是对未来的展望。民族服饰图案数字化重构在文化多样性保护中的作用，正是通过这种对传统文化的创新性诠释和再生性发展，推动了文化的持续繁荣与多样性发展。

（二）文化认同感增强

通过数字化设计，消费者能够更加直观地参与到民族服饰的设计过程中，这种参与感不仅增强了他们对产品的情感联结，更让他们在设计中体验到文化的归属感。这种情感联结的增强，促使消费者在消费过程中能够更深刻地感受到民族服饰所蕴含的文化底蕴和历史传承，从而提升了他们对民族文化的认同感。

社交媒体和在线平台的普及，为民族服饰图案的传播提供了广阔的舞台。在这些数字化平台上，不同文化背景的人们可以轻松接触到各民族的服饰图案，并参与到相关的讨论和分享中。这种广泛的传播和交流，促进了人们对共同文化的认同与欣赏。通过数字化渠道，民族服饰图案不仅跨越了地域的限制，也打破了文化的壁垒，使得不同文化背景的人们能够在更广阔的视野中欣赏和理解彼此的文化特色。

传统图案在现代语境中的重新诠释，是数字化重构的一大亮点。通过数字化技术，传统的民族服饰图案能够以现代的设计语言呈现出来，这不仅吸引了年青一代的关注，也增强了他们对传统文化的理解与认同。年青一代在这种现代化的表达中，找到了与传统文化对话的方式，从而更加自觉地去传承和弘扬民族文化。这种代际之间的文化传承，在数字化的助力下，变得更加自然和流畅。

增强现实技术的应用，为消费者提供了全新的文化体验。在虚拟环境中，消费者能够以沉浸式的方式体验民族服饰，这种体验不仅提升了他们对文化的参与感，也增强了他们的认同感。通过增强现实技术，消费者能够在虚拟世界中尝试不同的民族服饰，感受不同的文化氛围，这种沉浸式的体验使得文化的传播更加生动和立体。

（三）文化传播的广泛性

1. 数字化传播平台的构建

数字化传播平台的构建不仅为民族服饰图案的在线展示与分享提供了便利，也极大地扩大了其文化影响力。这些平台通过高效的传播机制，使得民族服饰图案能够在全球范围内迅速传播。无论是通过专门的文化网站还是社交媒体，民族服饰图案都能够被更广泛的受众群体接触和了解。这种广泛的传播不仅有助于提升民族服饰的知名度，也为其在国际舞台上的展示提供了新的可能性。

2. 社交媒体的利用

通过社交媒体，民族服饰图案能够以更为生动和直观的方式呈现给观众，尤其是年轻消费者。这些平台的互动性和即时性使得民族服饰图案能够在短时间内吸引大量关注。年轻消费者的参与和关注，不仅为民族服饰图案的传播注入了新的活力，也为其创新设计提供了新的灵感和方向。通过社交媒体的传播，民族服饰图案能够在全球范围内建立忠实的粉丝群体，从而增强其文化影响力。

3. 数字化营销策略的运用

通过精准的数字化营销，民族服饰图案能够在目标市场中树立鲜明的品牌形象，增强其市场竞争力。这些策略不仅包括在线广告投放和品牌合作，还涉及通过大数据分析来了解消费者需求和市场趋势。通过数字化营销，民族服饰图案能够更加有效地进入国际市场，并在全球范围内建立独特的品牌地位。这种品牌认知度的提升，不仅有助于民族服饰文化的传播，也为其商业价值的实现提供了保障。

4. 跨界合作与联名设计

通过与其他领域的品牌或艺术家的合作，民族服饰图案能够被融入不同的设计作品中，从而扩大其影响力。这种跨界合作不仅为民族服饰图案的创新设计提供了新的思路，也为其在国际市场上的推广提供了新的渠道。联名设计的产品能够在时尚界和艺术界引起广泛关注，从而为民族服饰图案的传播创造更多机会。

四、民族服饰图案再生设计的创新应用

(一) 数字化工具的应用

数字化绘图软件的应用，帮助设计师快速创建和修改民族服饰图案，提高了设计效率。这些软件提供了强大的图形编辑功能，使设计师能够在短时间内完成复杂的图案设计，并进行多次迭代以达到最佳效果。数字化工具不仅提高了设计的精度和效率，还为设计师提供了更多的创意空间，促进了民族服饰图案的多样化发展。

图案生成算法的运用，通过程序化设计实现复杂图案的自动生成，增加了创作的多样性。这些算法利用数学模型和计算机程序，能够生成变化多端的图案形式，使设计师在创作过程中拥有更多的选择。这种方法不仅提高了设计的效率，还为民族服饰图案注入了新的生命力，推动了传统图案的现代化改造。通过算法生成的图案，不仅保留了民族服饰的传统美学，还赋予其现代感，使其更符合当代审美。

虚拟试衣技术的引入，使消费者能够在数字环境中体验民族服饰，增强了购买体验。这种技术通过创建虚拟模型，允许消费者在购买前“试穿”服饰，从而更好地了解服饰的外观和适合度。这一技术的应用，不仅为消费者提供了便利，也为设计师提供了宝贵的反馈意见，有助于改进设计。这种沉浸式体验，不仅提升了消费者的购买决策信心，也为民族服饰的推广和普及提供了新的可能性。

数字化纹理映射技术的应用，为民族服饰图案提供了更丰富的视觉效果和触感体验。通过这种技术，设计师能够在数字模型上模拟出真实的材质效果，使得民族服饰在视觉上更加逼真。这种技术的应用，不仅增强了服饰的视觉吸引力，也为设计师提供了更广阔的创作空间，使他们能够在设计中更好地表达材质的质感和细节。这种细致入微的表现力，使得民族服饰在数字环境中呈现出更高的艺术价值。

3D 建模软件的使用，允许设计师在三维空间中对民族服饰图案进行立体化

表现，增强了设计的表现力。这些软件提供了强大的三维建模工具，使设计师能够创建逼真的服饰模型，并对其进行动态展示。这种三维表现方式，不仅提高了设计的直观性，也为设计师提供了新的创作维度，使他们能够更全面地展示民族服饰的独特魅力。这一技术的应用，标志着民族服饰设计进入了一个全新的数字化时代。

（二）新材料的使用

随着科技的不断进步，材料科学的创新为民族服饰的设计带来了前所未有的机遇。环保材料的应用成为推动民族服饰图案可持续设计的重要手段，这不仅减少了传统材料对环境的影响，还为设计师提供了更多元的创作选择。在全球环保意识日益增强的背景下，采用可降解、可回收的材料，不仅符合现代消费者的环保理念，也为民族服饰的设计注入了新的活力。

智能纺织品的使用在提升民族服饰的功能性和舒适性方面发挥了重要作用。现代消费者对服饰的需求已不仅限于美观，他们更注重服饰的功能性和舒适性。智能纺织品通过集成传感器、导电纤维等技术，使得服饰能够实时监测穿着者的生理状态，甚至实现温度调节等功能。这种技术的应用不仅使传统的民族服饰焕发新生，还能够更好地满足现代生活的需求，增强了民族服饰在国际市场上的竞争力。

纳米技术在材料中的应用为民族服饰图案的耐久性和色彩表现力带来了显著的提升。纳米技术能够通过改变材料的微观结构，提高其耐磨性、防水性等特性，从而延长服饰的使用寿命。此外，纳米技术在染料中的应用，使得色彩更加鲜艳持久，不易褪色。这种技术的进步，不仅保护了民族服饰的传统美学特征，还为设计师在色彩运用上提供了更大的创作自由。

生物基材料的开发结合传统工艺，为探索新的设计可能性提供了广阔的空间。生物基材料来源于可再生资源，具有良好的可降解性，与传统工艺结合，可以创造出兼具现代感和传统韵味的作品。这种材料的使用，不仅促进了文化的传承，也为民族服饰图案在现代社会中的应用提供了新的思路。通过这种方式，传统工艺得以在现代设计中重生，赋予民族服饰新的生命力。

（三）设计流程的优化

优化设计流程不仅能提高设计效率，还能确保设计成果的质量。在民族服饰图案的数字化创新设计中，优化设计流程有助于更好地融合传统文化与现代技术。通过合理的流程规划，设计师可以在更短的时间内完成高质量的设计作品，同时保持对传统图案的尊重与创新。优化流程还可以减少设计中的重复性工作，使设计师能够专注于创意的发挥与细节的打磨。

1. 优化设计流程中的协作机制

通过促进设计师与技术人员、工艺师之间的有效沟通与协作，可以实现设计与技术的无缝对接。在民族服饰图案的数字化设计中，设计师需要与技术人员密切合作，以确保设计方案能够被准确地实现。同时，与工艺师的协作能够保证设计在生产过程中保留传统工艺的精髓。建立良好的协作机制，不仅有助于提高项目效率，还能激发团队成员的创造力，推动设计创新。

2. 引入敏捷设计方法

敏捷设计强调迭代与反馈机制，通过不断的试验与调整，优化设计方案。这种方法特别适合于民族服饰图案的数字化设计，因为市场趋势和消费者偏好往往变化迅速。通过快速的反馈循环，设计师能够及时调整设计方向，确保最终产品能够满足市场需求。同时，敏捷设计方法也鼓励团队成员积极参与设计过程，提出创新想法，从而提升设计的整体质量。

3. 建立数字化设计档案管理系统

通过高效的存储与检索系统，设计师可以方便地获取设计资料、灵感与参考。这种系统不仅提高了设计工作的效率，还为设计师提供了丰富的创作资源。在民族服饰图案的数字化设计中，设计师需要参考大量的传统图案与历史资料，数字化档案管理系统的应用，可以大大缩短资料查找时间，并确保设计作品的文化准确性与创新性。

4. 采用模块化设计理念，将民族服饰图案拆分为可重用的设计元素

模块化设计使设计师能够在不同项目中重复利用图案元素，减少重复劳动的同时，提高设计的一致性与连贯性。这种设计理念在民族服饰图案的数字化设计中尤为重要，因为它能够在保持传统风格的基础上，赋予设计作品更多的现代感与个性化特征。

第二节 民族服饰图案数字化重构与再生的方法与步骤

一、民族服饰图案的数字化采集技术

（一）图案采集设备选择

高精度的图案采集依赖先进的技术设备，而扫描仪的选择与应用是其中的关键。高分辨率的扫描仪能够捕捉到图案的细微细节，确保数字化图案的真实性和完整性。此外，扫描仪的色彩还原能力也是选择的重要标准之一，以确保数字化图案与原始图案的色彩一致性。这对于后续的数字化加工和再生具有重要意义，因为图案的细节和色彩直接影响到设计的质量和传播的效果。

使用数码相机进行图案拍摄是另一种常用的采集方法，特别适合在不同光照条件下的图案采集。数码相机的灵活性使其能够在多种环境中进行拍摄，尤其是在户外或光线不稳定的场景中，数码相机的高动态范围功能可以有效捕捉复杂光照下的图案细节。此外，数码相机的便携性和高分辨率也为图案的高质量采集提供了保障，使其成为民族服饰图案数字化采集的重要工具。

手持设备的灵活使用在复杂环境的图案采集中展现出了独特的优势。手持设备通常体积小、重量轻，便于携带，适合在狭小或难以到达的地方进行图案采集。其灵活性使采集者可以在各种角度和距离下进行拍摄，确保图案的多样性和完整性。同时，手持设备的即时预览功能能够帮助采集者在现场及时调整拍摄参数，提高采集效率和质量。

在图案采集过程中，图案采集软件的选用同样至关重要。优质的软件能够支持多种格式的输出与处理，为后续的图案编辑和再生提供了便利。软件的兼容性和功能性决定了采集数据的处理效率和效果。选择支持高分辨率图像处理、色彩校正和格式转换的软件，可以大大提高图案数字化的质量和效率，确保数字化图案能够满足不同的应用需求。

（二）数据采集精度控制

在民族服饰图案的数字化过程中，数据采集精度控制是确保图案细节完整

性的关键。选择高分辨率扫描仪是首要步骤，这不仅能捕捉到图案的微小细节，还能保留其原有的纹理特征。在此过程中，高分辨率设备能够有效减少信息丢失，使后续的数字化处理更为精确。为了保证采集图案的色彩准确性，采用色彩校正技术是必不可少的。色彩校正技术可以调整扫描仪的色彩输出，使之与原始图案的色彩保持一致，从而在数字化图案中再现服饰的真实色彩。这一过程需要结合专业的色彩管理软件，确保不同设备之间的色彩一致性。

在进行数据采集时，合适的光照条件对于避免阴影和反射对图案采集的影响至关重要。光照的均匀性和稳定性能够确保图案的每一部分都得到清晰的捕捉，避免因光照不均而造成的图案失真或细节丢失。设置合适的光源位置和强度，调节光照角度，以减少不必要的反光和阴影，从而提升采集效果。此外，多角度采集是捕捉图案立体效果与细节的一种有效方法。通过从不同角度对图案进行扫描，可以获得其不同面的细节信息，这对于具有复杂纹理和层次的民族服饰图案尤为重要。多角度采集不仅能增强图案的立体感，还能为后续的三维重构提供丰富的数据支持。

使用图像处理软件对采集数据进行优化，是提升图案清晰度和质量的最后一步。图像处理软件能够对扫描得到的图案进行去噪、锐化等操作，从而改善图案的视觉效果。在优化过程中，需要根据图案的具体特征，选择适合的处理算法，以达到最佳的清晰度和质量。此外，图像处理软件还可以对图案进行尺寸调整和格式转换，以适应不同的应用需求。通过以上一系列精度控制措施，数字化采集的民族服饰图案不仅能够忠实再现原始图案的细节与色彩，还能为后续的数字化重构与再生提供高质量的数据基础。

（三）采集数据格式标准化

数据格式的标准化不仅涉及文件的基本格式选择，还需要考虑到不同应用场景的兼容性和可操作性。通过选择合适的文件格式，如 JPEG、TIFF 或 PNG 等，不仅可以确保图案数据的广泛应用，还能提高数据的存储和传输效率。此外，标准化的数据格式能够促进不同软件和硬件平台之间的无缝交互，保障数据在多种设备上的一致呈现。

在数据采集过程中，图案数据的分辨率标准化是至关重要的。高分辨率的图案数据能够确保在放大时细节的清晰呈现，这在后续的设计与应用中具有重要意义。分辨率的标准化还可以提高图案的再现性，使得在不同媒体和材质上的应用更为精确。同时，分辨率的标准化不仅仅是技术层面的需求，更是一种对民族服饰文化精髓的尊重与传承。

色彩模式的统一是数字化采集技术中的另一重要环节。为了确保不同设备间色彩的一致性，通常使用标准色彩模式如sRGB或Adobe RGB。这种标准化的色彩模式可以减少在不同显示设备之间的色差，确保图案色彩的准确传递。色彩的标准化不仅影响视觉效果，也对民族服饰图案的文化表达有着深远的影响，因为色彩在民族服饰中常常具有特定的象征意义。

为了便于后续管理与检索，图案数据的元数据标注是必不可少的。元数据包括图案的来源、创作者、采集时间等信息，这些信息对于图案的数字化管理和文化研究都具有重要价值。通过合理的元数据标注，可以实现对图案数据的高效检索和分类管理，从而提高工作效率和数据的可用性。

二、民族服饰图案数字化处理与优化方法

（一）图像清晰度提升技术

1. 图像去噪技术

通过应用先进的图像去噪技术，可以有效减少采集图像中的噪声。这些噪声通常是由于外部环境或设备限制而产生的，影响了图案的整体清晰度和细节表现。借助于复杂的算法，去噪技术能够在保留图案原有特征的同时，清除不必要的干扰，使图像更加纯净。这不仅有助于提高图案的视觉质量，也为后续的图像处理和优化奠定了良好的基础。

2. 图像锐化技术

通过利用边缘增强算法，可以将图案的边缘细节更加清晰地呈现出来，使得图案的轮廓和细节更加鲜明。这种技术在处理民族服饰图案时尤为重要，因为许多民族图案以其复杂的细节和精美的边缘设计而著称。锐化技术不仅提高了图案的视觉吸引力，还增强了其在数字平台上的表现力，为后续的数字化再生提供了高质量的基础图像。

3. 色彩校正技术

色彩校正技术在图案数字化处理中至关重要，确保了图像中颜色的准确性和一致性。民族服饰图案的色彩往往具有深刻的文化和历史意义，因此在数字

化过程中，保持色彩的原始特征和准确再现尤为重要。通过色彩校正技术，可以调整图像的色调、饱和度和亮度，使数字化后的图案在视觉上与原始图案保持一致。这不仅有助于准确传达图案的文化内涵，也增强了其在数字平台上的视觉吸引力。

4．分辨率提升技术

分辨率提升技术通过插值算法增加图像的像素数量，确保图案在放大时不失真。民族服饰图案通常包含丰富的细节和复杂的纹理，这使得在放大图像时保持其清晰度和细节完整性成为一项挑战。分辨率提升技术能够有效地解决这一问题，通过增加像素密度，使图案在不同尺寸下都能保持高质量的表现。这对于需要在大型显示器或印刷品上展示图案的情况尤为重要。

5．图像格式优化

图像格式优化是数字化处理中的最后一步，通过选择适合的图像格式来减少文件大小，同时保持图案的清晰度和质量。不同的图像格式在压缩效率和质量保持方面各有优劣，选择合适的格式可以在不牺牲图案质量的前提下，极大地减少存储空间和传输时间。这对民族服饰图案的数字化传播具有重要意义，能够提高图案在各种数字平台上的兼容性和传播效率。

（二）色彩还原与调整

色彩还原技术的基本原理是通过精确的色彩测量和分析，确保数字化图案在不同设备上呈现一致的色彩效果。由于不同设备的显示特性各异，色彩还原技术必须考虑到设备的色域和色温等因素，以维持图案的色彩准确性。色彩还原通过对原始图案的色彩进行精细化分析和处理，确保在数字化过程中不丢失原有的色彩特征，从而实现对民族服饰图案的真实再现。

色彩匹配算法的应用是提升图案真实感的重要手段。通过对比样本和目标图案进行色彩调整，色彩匹配算法能够有效减少色差，增强图案的视觉一致性。这一过程通常涉及复杂的数学运算和统计分析，以确保色彩调整的精确性和稳定性。色彩匹配不仅提升了图案的视觉效果，还在一定程度上保留了民族服饰图案的文化内涵和艺术价值，为其数字化传播提供了可靠的技术支持。

色彩空间转换技术的使用是为了将图案从一种色彩模式转换为另一种，以适应不同的显示需求。常见的色彩空间包括 RGB、CMYK 和 Lab 等，每种色彩空间都有其特定的应用场景和优缺点。在数字化处理过程中，选择合适的色彩空间转换技术，可以有效提升图案在不同设备上的显示效果，确保在不同媒体平台上的色彩一致性。这一技术在跨平台传播中尤为重要，能够帮助设计师和技术人员更好地管理和控制图案的色彩表现。

色彩校正工具的选择与使用是数字化图案处理中不可或缺的一环。色彩校正工具通过对图像的色调、饱和度和亮度等参数进行调整，确保在图像处理过程中保持色彩的准确性和自然性。这些工具通常集成在图像处理软件中，提供了丰富的功能和选项，以满足不同的色彩校正需求。通过合理的工具选择与使用，设计师能够在保留民族服饰图案原有色彩特征的基础上，进行必要的色彩优化和改良。

（三）图案细节增强

图案细节增强不仅提高了图案的视觉表现力，还能更好地保留和传达民族文化的精髓。通过对图案细节的精细处理，设计师可以实现更高的图案清晰度和对比度，使原本模糊或失真的部分得以恢复，进而提升整体视觉效果。这一过程需要结合传统美学与现代技术，以确保数字化后的图案既保留传统特色又具有现代感。

在图案细节增强的过程中，算法技术的选择至关重要。常用的算法如拉普拉斯算子、Sobel 算子等，通过对图像的梯度信息进行分析，能够有效地突出图案的边缘和细节。此外，近年来发展迅速的卷积神经网络（CNN）也被广泛应用于图案细节增强中。通过数据训练，CNN 可以自动学习图案特征，进行细节增强处理，从而实现更为自然和精细的图案效果。

边缘检测是图案细节增强的核心步骤之一。通过边缘检测，能够有效识别图案中的轮廓和边界，增强图案的层次感和立体感。常用的边缘检测方法包括 Canny 边缘检测、Prewitt 算子等。这些方法通过不同的数学模型和算法步骤，能够在复杂背景中准确提取出图案的边缘信息，为后续的细节处理提供基础。

深度学习技术的飞速发展为图案细节增强带来了新的可能。通过构建深度神经网络，能够自动学习和提取图案中的细节特征，进行智能化的增强处理。深度学习技术不仅提高了处理效率，还能在保持图案原有风格的基础上，进一步挖掘出潜在的细节信息，使图案表现更加丰富多彩。这种技术的应用为民族服饰图案的数字化创新设计提供了广阔的空间。

为了提高图案细节增强的效率，自动化处理流程的建立显得尤为重要。通过自动化流程，能够实现从图案输入到细节增强的全流程自动化处理，减少人工干预，提升处理速度。自动化处理流程通常包括图案预处理、边缘检测、细节增强、后期优化等步骤。每个步骤都可以通过算法实现自动化，从而在保证处理质量的同时，提高处理效率。

三、数字化工具在民族服饰图案重构中的应用

（一）图形软件的选择与使用

选择适合民族服饰图案设计的图形软件，首先要确保其功能能够满足设计师的创作需求。设计师需要考虑软件是否具备丰富的绘图工具、色彩管理功能以及高质量的图像处理能力，这些都是进行复杂图案设计的基本要求。通过对比不同软件的功能特点，可以帮助设计师找到最适合其创作风格和项目需求的工具。

了解不同图形软件的界面友好性和学习曲线同样是选择软件的重要因素。设计师在使用软件时，希望能够快速上手，因此软件的界面设计和操作逻辑应该简洁明了。学习曲线较短的软件能够帮助设计师更快地掌握工具的使用技巧，从而提高工作效率。此外，软件的用户体验直接影响到设计师的创作过程，良好的界面设计能够激发设计师的灵感和创造力。

图形软件的兼容性是另一个需要重点考虑的方面。民族服饰图案的设计往往需要与其他设计工具和格式进行无缝对接，以实现跨平台的协同工作。因此，选择兼容性强的软件，可以确保设计文件在不同设备和软件之间的转换过程中不失真。兼容性良好的软件能够支持多种文件格式的导入与导出，这对于设计师在不同项目中的灵活应用至关重要。

评估图形软件的技术支持和社区资源也是选择软件时不可忽视的因素。设计师在使用软件的过程中，可能会遇到各种技术问题或需要获取更多的设计灵感和技巧。选择能够提供及时帮助和丰富教程的工具，可以为设计师提供坚实的后盾。一个活跃的用户社区和完善的技术支持体系，能够帮助设计师快速解决问题并提升技能。

关注图形软件的更新频率和功能扩展性是确保其具备持续改进和创新能力的关键。设计软件需要不断适应快速变化的技术环境和设计趋势，因此其更新频率直接影响到软件的实用性和竞争力。功能扩展性强的软件能够通过插件或模块的方式不断丰富其功能，为设计师提供更多的创作可能性。选择具备持续改进能力的软件，能够帮助设计师在激烈的市场竞争中保持领先地位。

（二）3D 建模技术的应用

3D 建模技术在民族服饰图案设计中的应用日益广泛，其核心在于实现图案的立体化表现，极大地增强了视觉吸引力。这种技术通过构建 3D 模型，使得传统平面图案能够以立体形式展现，赋予其更为生动的视觉效果。立体化表现不仅提升了图案的艺术价值，也为设计师提供了更为丰富的创作手段。在国内外的设计实践中，3D 建模技术已成为推动民族服饰创新的重要工具，尤其是在年轻消费群体中，这种立体化设计更能引起他们的关注和喜爱。

通过 3D 建模，设计师可以模拟服装的穿着效果，帮助他们在设计阶段进行虚拟试穿，从而优化设计方案。这一过程不仅节省了设计时间，也降低了试错成本。设计师能够在虚拟环境中迅速调整图案的大小、位置和颜色，直至达到理想效果。虚拟试穿技术的应用，使得设计师可以在早期阶段就发现并解决潜在问题，确保最终产品的质量和市场竞争力。这样的技术优势使得 3D 建模在民族服饰图案设计中越来越受到重视。

3D 建模技术支持多角度展示，使消费者能够从不同视角欣赏民族服饰图案，提升用户体验。这种全方位的展示方式打破了传统平面展示的局限，使得消费者可以更直观地感受到服饰的设计细节和材质特点。通过交互式展示平台，消费者可以自由旋转和缩放 3D 模型，从而获得更为全面的产品信息。这种沉浸式的购物体验不仅增加了消费者的购买欲望，也为品牌与消费者之间建立了更紧密的互动关系。

利用 3D 建模技术，可以将传统纹样与现代设计元素融合，创造出独特的设计作品，满足市场需求。在全球化背景下，消费者对民族服饰的审美需求日益多元化，传统图案与现代元素的结合成为设计创新的重要方向。3D 建模技术为这种融合提供了技术支持，使得设计师能够在保持传统文化精髓的同时，引入时尚的现代元素，创造出具有文化深度和市场吸引力的作品。这种设计策略不仅丰富了民族服饰的表现形式，也为其在国际市场上的传播提供了新的可能。

3D 建模软件的使用能够提高设计效率，缩短设计周期，使设计师能够更快速地响应市场变化。在快速变化的市场环境中，设计师需要具备快速迭代和更新产品的能力。3D 建模软件提供的高效设计平台，使得设计师能够在短时间内完成从概念到成品的全过程。通过与其他数字化工具的协同，3D 建模技术不仅提高了设计效率，也为民族服饰图案的创新提供了持续动力。这种技术的进步为民族服饰产业的数字化转型奠定了坚实的基础。

（三）虚拟现实技术在重构中的应用

虚拟现实技术在民族服饰图案的重构中发挥着重要作用，其核心在于提供沉浸式体验，使用户能够在数字环境中真实感受民族服饰的文化内涵。这种技术通过创建一个虚拟的三维空间，将传统的民族服饰图案以数字化的方式呈现，使用户能够从不同角度观察和理解服饰的设计细节与文化背景。这种沉浸式的体验不仅增强了用户的参与感，还使得民族服饰的文化价值得以更好地传播和保存。

通过虚拟现实技术，设计师可以创建交互式展示平台，极大地增强了消费者对民族服饰图案的参与感和认同感。这些平台允许用户在虚拟环境中与服饰图案进行互动，例如通过手势或控制器放大、缩小、旋转图案，甚至可以模拟穿着效果。这种交互性不仅吸引了更多的消费者关注民族服饰，还使他们在体验过程中更加深入地了解和欣赏这些图案所蕴含的文化意义，从而促进了民族服饰的市场传播。

虚拟现实技术的另一个重要应用是支持用户进行个性化定制和试穿，显著提升了消费者在购买过程中的决策体验。在虚拟环境中，消费者可以根据个人喜好调整服饰图案的颜色、材质和风格，并实时看到这些变化的效果。这种个性化的体验不仅满足了消费者的独特需求，还减少了实际生产的成本和时间，提高了消费者的购买满意度和忠诚度。

四、民族服饰图案数字化重构中的数据采集与处理难点

（一）数据采集技术瓶颈

由于民族服饰图案的复杂性和多样性，传统的数据采集技术往往难以全面捕捉这些图案的细节和色彩信息。现有的技术手段在面对高精度和高保真的采集需求时，常常显得力不从心。尤其是在面对具有复杂纹理和多层次色彩的民族服饰图案时，如何提高采集精度和效率成为研究的重点。这一瓶颈不仅制约了数字化重构的质量，也影响了后续的再生设计与传播的效果。因此，亟须在技术上实现突破，以满足高质量数据采集的需求。

数据采集设备的选择与适配是数字化重构中不可忽视的环节。由于不同的民族服饰图案具有各异的材质和纹理特征，如何选择合适的采集设备成为关键。高分辨率扫描仪、3D扫描仪、高清摄像设备等各有其优劣，但在具体应用中往

往往需要根据服饰材质的特性进行适配。此外，设备的选择还需考虑到采集环境的稳定性和操作的便捷性，以确保数据的准确性和完整性。设备的适配问题不仅影响采集效率，也直接关系到后续数据处理的难易程度。

在采集过程中，环境因素对数据质量的影响不容忽视。光照条件、温湿度变化、背景杂色等都可能对采集结果产生干扰，导致数据失真或不完整。特别是在户外或非实验室环境下进行数据采集时，这些因素尤为显著。为了保证数据的高质量，需在采集过程中严格控制环境变量，或通过后期技术手段进行数据校正。此外，采集场地的选择、设备的防护措施等也需仔细规划，以降低环境对数据质量的不利影响。

在民族服饰图案的数字化重构中，数据采集过程中的技术标准缺乏统一性是一个突出的问题。不同研究机构和企业在技术应用上的差异，导致了数据格式、采集流程、精度要求等方面的不一致。这种标准的不统一，不仅影响了数据的共享与交流，也增加了后续处理和应用的复杂性。为此，建立统一的技术标准和规范，推动行业的标准化进程，是提高数字化重构效率和质量的关键一步。

采集数据的存储与管理是数字化重构过程中面临的重要挑战。民族服饰图案的数字化数据量大，且具有多样性和复杂性，传统的存储方式难以满足高效管理和快速检索的需求。此外，数据的安全性和完整性也是不容忽视的问题。如何构建一个高效、安全、可扩展的数据存储管理系统，以支持大规模数据的存储和应用，是当前研究的重点。通过先进的数据库技术和云存储方案，可以有效解决这一难题。

（二）数据处理精度要求

数据处理的精度标准不仅包括图像分辨率和色彩深度等关键指标，还涉及如何在数字化过程中保持图案的原始细节，以符合设计的严格要求。高质量的数字化图案需要精确的色彩表现和细节还原，这就要求在数据处理阶段必须达到一定的精度标准，以确保最终输出的图案在视觉上能够完美再现传统服饰的艺术魅力。

为了实现这一目标，采用高精度算法进行数据处理是必不可少的。这些算法能够在图像被放大或缩小时，保持细节的清晰度与完整性，避免因分辨率不足而导致的模糊或失真现象。高精度算法的应用不仅提高了图案的清晰度，还增强了色彩的准确性，使得数字化重构的图案更具真实感和艺术性。此外，这些算法在处理过程中能够有效减少噪点和色差，为后续的设计和传播提供了高质量的基础。

在数据处理的每一个环节中，实施严格的质量控制流程是确保精度要求得以实现的关键。通过建立详细的操作规范和标准，每个处理步骤都必须经过精确的校验，以避免因人为因素导致的误差。质量控制不仅包括对处理结果的检查，还涉及对处理过程的监控和记录，确保每一个细节都符合预设的精度要求。这种严格的控制流程能够有效地减少误差，提高数据处理的一致性和可靠性。

在整个数据处理过程中，定期进行效果评估与反馈是优化图案表现效果的重要手段。通过对处理结果的定期检查，可以及时发现和纠正处理中的问题，调整处理参数，以达到最佳的图案表现效果。这种动态调整的机制不仅提高了数据处理的灵活性，还增强了对图案质量的控制能力，使得最终输出的数字化图案能够更好地满足设计和传播的需求。

（三）数据格式标准化

数据格式的标准化不仅影响着图案的质量，还关系到后续处理和应用的便捷性。采集数据的文件格式选择尤为重要，必须确保其在不同平台和软件间的兼容性与可操作性。常用的文件格式如JPEG、PNG、TIFF等，各有其优缺点，选择时需综合考虑图案的复杂性、细节表现要求以及后续处理的需求。兼容性问题的解决不仅有助于提高工作效率，还能避免因格式不兼容而导致的图案细节丢失。

图案数据的分辨率标准化是另一个重要方面。分辨率直接影响图案在展示和印刷过程中的细节清晰度。为确保图案细节的完美呈现，需根据最终应用场景设定合理的分辨率标准。高分辨率虽能保证细节，但也带来文件体积过大的问题，影响存储和传输效率。因此，合理的分辨率选择需在细节表现与文件大小之间取得平衡，以适应不同的应用需求。

色彩模式的统一对于保持图案在不同设备间的色彩一致性至关重要。色彩模式的差异可能导致严重的色差，影响视觉效果。常用的色彩模式包括RGB和CMYK，前者适用于屏幕显示，后者则用于印刷品呈现。为避免色差影响，应在数字化过程中统一色彩模式，并在必要时进行色彩校正，以确保最终呈现效果与设计初衷一致。

图案数据的元数据标注是提高数据管理、检索与使用效率的重要手段。通过详细的元数据标注，可以实现对图案数据的快速定位和追溯，极大地方便了后续的管理和应用。元数据应包括图案的基本信息、采集时间、来源、使用权限等，确保在数据量庞大的情况下，仍能高效地进行数据管理。

第四章　民族服饰图案数字化传播的渠道与策略

第一节　网络平台与社交媒体的传播应用

一、网络平台在民族服饰图案传播中的角色

（一）平台功能分析

网络平台多样化的展示方式为图案的视觉呈现提供了丰富的可能性。通过支持图像、视频和文字等多种形式的内容展示，网络平台能够增强民族服饰图案的视觉吸引力，使其更具感染力和吸引力。这种多样化的展示方式不仅有助于吸引观众的注意力，还能帮助观众更好地理解和欣赏民族服饰的美学价值和文化内涵。此外，网络平台的展示功能还为设计师提供了创意表达的空间，使他们能够在数字化环境中自由创作和展示作品。

网络平台的社交功能是促进民族服饰图案传播的重要手段。通过评论、分享和点赞等互动方式，用户能够积极参与民族服饰图案的传播过程。社交功能不仅提高了用户参与度，还促进了用户之间的交流和互动，形成了一个以民族服饰图案为主题的社群。这种社群不仅能够推动图案的传播，还能够激发用户对民族文化的兴趣和认同感。同时，用户生成的内容和反馈也为设计师和传播者提供了宝贵的灵感和建议，帮助他们更好地了解受众需求和市场趋势。

网络平台的搜索引擎优化（SEO）功能在提升民族服饰图案内容的可见性方面发挥着关键作用。通过优化关键词、标签和描述等元素，SEO功能能够提升民族服饰图案相关内容在搜索引擎中的排名，从而吸引更多潜在受众的关注。这种提升可见性的策略不仅增加了民族服饰图案的曝光率，还扩大了其传播范围，使更多人能够接触到这些富有文化意义的图案。同时，SEO功能还帮助传播者识别和定位目标受众，提高传播效率。

网络平台的数据分析工具为民族服饰图案的传播提供了科学的支持。通过实时监测受众的行为和反馈，数据分析工具能够为设计师和传播者提供详尽的受众画像和市场分析。这些数据不仅有助于设计师优化作品设计，还能帮助传

播者调整传播策略，以便更好地满足受众需求和市场变化。此外，数据分析工具还能够识别传播中的问题和挑战，为未来的传播活动提供改进建议和方向。

（二）传播渠道选择

网络平台的多样性为传播策略提供了广阔的空间。社交媒体平台的选择与应用成为传播的重要环节。通过利用社交媒体的广泛用户基础和互动性，民族服饰图案的传播效果得以显著增强。社交媒体不仅提供了即时分享和交流的渠道，还能够通过用户生成内容的方式，扩大民族服饰图案的影响力。用户的主动参与和互动，进一步促进了文化的传播和认同感的建立。

电子商务平台的整合为民族服饰图案的传播提供了新的契机。通过在线商店展示和销售民族服饰图案，不仅可以直接面向消费者，还能通过品牌故事的讲述，提升品牌的市场知名度。在电子商务平台上，民族服饰图案不仅仅是商品，更是承载着丰富文化内涵的艺术品。消费者在购买的同时，也在体验和感受民族文化的魅力，这种双重体验增强了品牌的吸引力和消费者的忠诚度。

建立专业网站或博客是传播民族服饰图案的另一有效途径。这类平台可以深入分享民族服饰图案的设计理念、制作过程及文化背景，吸引特定受众群体的关注和兴趣。通过专业网站或博客，设计师和文化研究者能够与受众进行深度的文化交流，增进彼此的理解和认同。同时，这些平台也为学术研究和商业推广提供了重要的资源和支持。

移动应用程序的开发为民族服饰图案的传播提供了便捷的用户体验。通过移动应用，用户可以随时随地获取信息，参与互动和分享民族服饰图案。移动应用程序不仅可以提供图案的展示和购买功能，还可以通过创新的互动设计，鼓励用户参与文化的传播。用户的参与不仅丰富了传播的内容，也为民族服饰图案的创新设计提供了灵感和动力。

（三）受众群体定位

民族服饰图案的数字化传播在网络平台上扮演着重要角色，其受众群体的定位直接影响传播的效果与广度。对于年轻消费者群体而言，他们对时尚与个性化设计的强烈需求，使得民族服饰图案成为一种潮流元素。这些年轻人通过网络平台，尤其是社交媒体，获取最新的设计趋势，将传统与现代相结合，形成独特的个人风格。网络平台不仅提供了展示与交流的空间，还通过互动与分享功能，增强了民族服饰图案在年轻群体中的影响力。

文化爱好者和研究者是另一个重要的受众群体。他们对民族文化和传统手工艺有着深厚的兴趣，利用数字平台深入了解民族服饰的内涵与价值。网络平台提供了丰富的资源和便捷的渠道，使得这些文化爱好者和研究者能够轻松获取相关信息，进行深入的文化探讨与学术研究。这种数字化传播方式不仅满足了他们的知识需求，还促进了民族文化的保护与弘扬。

设计师和创意工作者在民族服饰图案的数字化传播中扮演着创新者的角色。他们需要不断获取灵感和素材，通过数字化传播平台寻找民族服饰图案的创新设计元素。网络平台不仅提供了丰富的图案资源，还通过开放的交流环境，激发设计师的创意灵感，推动民族服饰图案在现代设计中的应用与创新。

二、社交媒体的互动性与民族服饰图案传播

（一）互动机制设计

设计互动投票机制，可以让用户直接参与民族服饰图案的设计选择。这种参与不仅增强了受众的参与感和归属感，还在一定程度上影响了设计的方向和风格，使得最终的设计成果更贴合大众的审美和需求。此外，互动投票机制能够通过数据分析了解用户偏好，为设计师提供宝贵的市场反馈信息，指导后续设计创新。

设置评论区是另一个重要的互动机制，鼓励用户对民族服饰图案进行评价和讨论。这种开放的交流平台不仅促进了设计师与受众之间的直接沟通，还为用户提供了一个表达个人意见和建议的空间。在评论区中，用户可以分享他们对不同图案的看法和建议，设计师则可以通过这些反馈进行设计调整和改进。这种良性互动有助于提升用户对民族服饰图案的关注度和忠诚度，推动民族服饰文化的传承与发展。

用户生成内容（UGC）活动的推出，是丰富民族服饰图案传播内容的重要策略。通过鼓励用户分享他们的民族服饰搭配和使用体验，不仅增加了传播内容的多样性，还激发了用户的创作热情。UGC 活动能够有效地提升用户的参与度，同时也为其他用户提供了真实的使用场景和搭配灵感。在 UGC 活动中，用户的创意和个性化表达成为传播的重要组成部分，进一步扩大了民族服饰图案的影响力和传播范围。

社交媒体的直播功能为民族服饰图案传播提供了实时互动的可能性。在直播过程中，设计师可以展示设计过程的每一个细节，并邀请观众参与讨论和提出意见。这种实时互动不仅增加了设计过程的透明度，还让受众有机会参与设计的每一个环节，增强了他们的参与感和互动体验。通过直播，设计师可以即时获得观众的反馈和建议，进行及时调整和优化，提升设计的精准性和市场适应性。

创建专属话题标签是增强民族服饰图案传播效果的有效手段。在社交平台上鼓励用户使用特定的话题标签分享与民族服饰相关的内容，可以在用户之间形成一个具有共同兴趣的社区氛围。这种社区氛围不仅促进了用户之间的互动和交流，还为民族服饰图案的传播提供了一个持续的、广泛的平台。随着话题标签的使用频率增加，民族服饰图案的曝光率和影响力也随之提升，进一步推动民族服饰文化的广泛传播和认同。

（二）用户参与方式

设计多样的互动形式，可以有效地增强用户的参与感和归属感。用户参与设计的在线问卷调查是一种直接获取受众反馈的有效手段。通过问卷调查，收集用户对民族服饰图案的偏好与建议，不仅可以帮助设计者更好地理解市场需求，还能在设计过程中融入更多的用户视角，从而提高产品的市场接受度和竞争力。

举办主题挑战活动是激发用户创意和参与热情的另一种有效方式。通过鼓励用户提交与民族服饰相关的创意设计作品，不仅能丰富传播内容，还能为民族服饰图案的创新设计提供源源不断的灵感。这样的活动形式可以在社交媒体平台上引发广泛关注和讨论，进而扩大民族服饰文化的影响力和传播范围。

积分奖励机制是激励用户参与社交媒体活动的重要策略。通过设置积分奖励，用户可以通过分享、评论和参与活动获得积分，这些积分可以兑换相关产品或优惠。这种机制不仅能增加用户的参与动力，还能有效提升品牌忠诚度和用户黏性。积分奖励机制的设计需要考虑用户的兴趣和需求，以确保其吸引力和可持续性。

线上直播互动活动为用户提供了实时参与设计讨论的机会。在直播过程中，用户可以提出意见与建议，与设计者和其他用户进行即时交流。这种互动形式不仅能增进用户与品牌之间的联系，还能提高用户对民族服饰图案设计过程的认同感和参与感。通过直播活动，品牌可以更好地传达设计理念和文化内涵，增强用户对民族服饰的兴趣和关注。

（三）反馈与改进

通过定期收集用户对民族服饰图案的意见与建议，设计师和传播者能够及时调整设计方向和传播策略，以便更好地满足用户需求。用户的反馈不仅能为设计提供灵感，还能帮助识别传播过程中的不足之处，为未来的改进提供依据。通过这种互动，民族服饰的数字化传播可以实现更高的精准度和用户满意度。

定期开展在线调查是了解用户对民族服饰图案认知与偏好的重要手段。通过调查，传播者可以获取关于用户对设计风格、色彩搭配以及文化内涵等方面的偏好信息。这些信息对于确保设计与传播内容符合受众的期待至关重要。通过不断调整设计和传播策略，民族服饰图案的数字化传播能够在保持传统文化精髓的同时，更加贴近现代受众的审美和需求。

线上讨论会的组织为用户提供了一个分享使用体验和建议的平台。这种直接的交流方式不仅促进了设计师与消费者之间的沟通与理解，也为设计师提供了宝贵的用户视角。通过讨论会，设计者可以了解用户在实际使用过程中的真实体验和遇到的问题，从而更有针对性地进行设计改进。这种互动形式增强了用户的参与感，使他们在民族服饰图案的传播过程中扮演了更加积极的角色。

制定反馈响应机制是提高用户参与感与忠诚度的重要策略。确保用户提出的意见能够得到及时处理和反馈，不仅提高了用户的满意度，还增强了他们对品牌的信任感。通过有效的反馈响应机制，传播者可以建立一个良好的用户关系网络，促进民族服饰图案的持续传播和发展。这样，用户不仅成为传播的受众，也成为传播的参与者和推动者。

三、网络平台与社交媒体的整合传播策略

（一）整合传播模型

整合传播模型通过整合多种传播渠道，实现信息的全方位覆盖与传播。网络平台与社交媒体的结合，能够有效地增强信息的可达性和影响力。整合传播模型不是单一渠道的简单叠加，而是通过精确的策略设计，实现各渠道间的协同作用，以达到最大化传播效果。这种模式在提升民族服饰图案的知名度和文化价值方面具有显著优势。

整合传播模型的多渠道协同效应是其核心优势之一。通过将网络平台与社交媒体的功能和特点相结合，可以实现信息的广泛传播和深度影响。多渠道协同效应不仅体现在传播范围的扩大，还体现在不同渠道间的互补性。比如，社交媒体的互动性与网络平台的稳定性相结合，可以形成更为稳固的传播网络，从而提升民族服饰图案的文化传播效率。这种协同效应为民族文化的数字化传播提供了新的可能性。

（二）协同效应分析

整合传播模型中的多渠道协同作用，可以有效提升民族服饰图案的传播效果。不同平台之间的联动不仅可以扩大受众覆盖面，还能够通过多种媒介形式展示丰富的文化内涵。例如，社交媒体平台的即时性和互动性可以与传统网络平台的深度内容相结合，形成互补的传播网络。这种多渠道的协同作用不仅提高了民族服饰图案的曝光度，还促进了文化的跨地域传播，使更多的人能够接触并了解这一独特的文化遗产。

精准定位目标受众是提升民族服饰图案传播策略效率的关键。通过数据分析，能够细分市场，识别出不同受众群体的兴趣和需求，从而制定更具针对性的传播策略。利用社交媒体平台的用户数据和行为分析，可以精准捕捉到用户的偏好和习惯，并根据这些信息调整传播内容和形式。这种数据驱动的策略不仅提高了传播的有效性，还能在有限的资源下实现最大的传播效益，确保民族服饰图案能够在合适的时间和地点传递给最合适的受众。

互动反馈机制的设计是增强民族服饰图案传播互动性的有效手段。通过在网络平台和社交媒体上设置互动环节，鼓励受众参与讨论和分享，能够激发他们的兴趣和参与感。这种互动不仅有助于传播内容的二次扩散，还能通过受众的反馈信息优化传播策略。设计合理的反馈机制，如评论区、投票活动和问卷调查等，可以有效收集受众的意见和建议，为后续传播提供数据支持和方向指导，进一步提升民族服饰图案的传播效果。

（三）资源优化配置

资源整合与共享平台的建立是实现设计师、工艺师与市场之间信息流通与协作的关键。通过这样的平台，设计师可以及时获取市场需求信息，工艺师能够了解最新的设计趋势，而市场则可以更好地反馈消费者的偏好。这种信息的高效流通不仅提高了设计的针对性，也缩短了产品从设计到市场的周期，实现了各方资源的最佳配置。

优化数字内容创作团队的结构是提高设计效率与创新能力的重要举措。在数字化传播过程中，各专业人才的有效合作是确保高质量输出的基础。通过合理配置团队成员，明确各自的职责与分工，可以最大限度地发挥每位成员的特长。设计师、技术人员、市场分析师等各类专业人才的紧密合作，不仅提高了设计效率，还促进了创新能力的提升，使得数字化作品更具市场竞争力。

利用数据分析工具进行市场趋势监测是资源优化配置的又一重要方面。在快速变化的市场环境中，及时掌握消费者需求的变化是企业保持竞争优势的关键。通过数据分析工具，可以实时监测市场趋势，分析消费者行为，进而调整资源配置，以便更好地满足市场需求。这种动态的资源配置策略，使企业能够在激烈的市场竞争中保持灵活性和适应性。

第二节　电子商务平台与民族服饰图案数字化传播

一、电子商务平台对民族服饰图案传播的意义

（一）拓展市场渠道

其一，电子商务平台为民族服饰图案提供了直接销售渠道，降低了消费者获取产品的门槛。传统的线下销售受限于地理位置和店面数量，而电子商务平台则突破了这些限制，使消费者可以随时随地访问和购买民族服饰产品。这种便捷性不仅扩大了市场覆盖面，还吸引了更多潜在消费者的关注。

其二，通过电子商务平台，民族服饰图案的设计师能够迅速获取市场反馈，优化产品设计和推广策略。在电子商务平台上，消费者的购买行为、评价与反馈等数据能够被快速收集和分析。这些数据为设计师提供了宝贵的市场洞察，使其能够及时调整设计和营销策略，以便更好地满足市场需求。这种实时互动的机制，大大提高了产品的市场适应性和竞争力。

其三，在电子商务平台上，民族服饰图案可以通过个性化推荐系统，精准触达目标消费者，提升转化率。平台利用大数据分析和人工智能技术，能够根据消费者的浏览和购买历史，进行个性化推荐。这种精准的营销策略，不仅提

高了消费者的购物效率，也有效增加了民族服饰图案的曝光率和销售转化率。通过电子商务平台，民族服饰图案的设计师和品牌能够更高效地实现市场目标，推动民族文化的数字化传播。

（二）提升品牌知名度

在当今数字化时代，电子商务平台为民族服饰图案的传播提供了广阔的舞台。通过这些平台，品牌可以有效地提升知名度，吸引更多的消费者关注。首先，品牌可以通过电子商务平台讲述品牌故事，增强消费者对民族服饰图案的情感认同，从而提升品牌形象。品牌故事的讲述不仅仅是产品信息的传递，更是文化内涵的传播，通过深刻的故事情节和丰富的文化背景，让消费者在购买产品的同时，感受到民族服饰图案背后的文化价值和历史积淀。

社交媒体与电子商务平台的整合为品牌提供了更多的互动机会。通过开展互动营销活动，品牌可以吸引用户的积极参与，增加品牌的曝光度。互动营销活动可以采取多种形式，如在线竞赛、用户生成内容分享、实时直播等，这些活动不仅能激发消费者的兴趣，还能通过用户的参与和分享，扩大品牌的传播范围，提升民族服饰图案的知名度。

线上广告和搜索引擎优化（SEO）也是提升民族服饰图案在消费者搜索中的可见性的重要手段。在电子商务平台上，精准的广告投放可以帮助品牌在目标消费者中获得更高的关注度。同时，通过SEO优化，品牌可以提升在搜索引擎结果中的排名，使得消费者在搜索相关关键词时，能够更容易地找到品牌的产品和信息，从而扩大品牌的影响力。

二、电子商务平台在民族服饰图案传播中的角色

（一）平台的媒介功能

通过提供丰富多样的视觉内容，这些平台能够显著增强民族服饰图案的吸引力和可见性。在数字化时代，视觉内容成为吸引消费者注意力的关键因素，电子商务平台利用高质量的图像和视频展示民族服饰的细节与美感，使消费者能够更直观地感受到产品的独特魅力。这种直观的视觉体验，不仅提升了民族服饰图案的市场竞争力，也为传统文化的现代传播提供了新的路径。

电子商务平台的用户评价系统在民族服饰图案的传播中起到了至关重要的

作用。消费者通过平台提供的评价功能，可以对购买的民族服饰图案进行反馈，这种互动不仅有助于提升产品的可信度，也为潜在消费者提供了重要的参考信息。用户评价系统使得消费者的声音得以被听到，增强了消费者与品牌之间的互动性。这种互动性在一定程度上影响了消费者的购买决策，同时也促使品牌不断改进产品质量和服务，从而形成一个良性的市场反馈机制。

电子商务平台的个性化推荐算法是其媒介功能的又一体现。通过对用户行为和偏好的分析，平台能够为消费者提供定制化的民族服饰图案选择。这种个性化的推荐不仅提高了消费者的购物体验，也增加了民族服饰图案的曝光率和销售机会。个性化推荐算法的应用，使得消费者能够在海量信息中快速找到符合自己需求的产品，提升了购物效率，同时也为商家提供了精准的市场营销工具。

电子商务平台的多渠道营销策略，通过结合线上广告与促销活动，有效提升了民族服饰图案的市场渗透率。多渠道营销策略的实施，使得民族服饰图案能够在不同的渠道和平台上被广泛推广，从而触及更多潜在消费者。通过线上广告的精准投放和促销活动的策划，电子商务平台能够有效吸引消费者的关注和参与，提升销售转化率。这种综合性的营销策略，为民族服饰图案的市场拓展提供了强有力的支持，推动了其在数字化市场中的发展。

（二）平台的市场拓展

电子商务平台在拓展民族服饰图案市场方面扮演着关键角色。通过大数据分析，这些平台能够深入识别消费者的购买习惯和偏好，为设计师提供精准的市场定位。这种数据驱动的策略不仅提高了设计的针对性，还增强了推广活动的有效性，使民族服饰图案能够更好地满足市场需求。此外，电子商务平台的用户评价和反馈机制为设计师提供了宝贵的消费者意见。这种实时反馈机制使设计师能够迅速调整和优化产品，确保产品迭代与市场需求同步。这种互动不仅提升了产品质量，也增强了消费者的参与感和忠诚度。

电子商务平台的多样化营销活动也是其市场拓展的重要手段之一。通过限时折扣、团购和会员专享等活动，平台能够有效吸引消费者的注意力，刺激购买欲望。这些策略不仅增加了民族服饰图案的销售量，也增加了品牌的市场曝光率和竞争力。特别是在节假日和特定促销期间，这些活动能够显著提高销售额，形成良好的市场循环效应。通过这些活动，消费者不仅能够享受到实惠，也能对民族服饰图案产生更深的兴趣和认同感。

跨境电商功能的利用，使民族服饰图案能够突破地域限制，进军国际市场。通过电子商务平台，民族服饰图案可以轻松接触到海外消费者，拓展了购买渠道。这不仅增加了品牌的国际影响力，也为民族文化的全球传播提供了新路径。跨境电商的便利性和广泛性使得民族服饰图案能够在更大范围内获得认知和认可，从而在全球市场中占据一席之地。这种国际化的市场拓展策略，不仅有助于提升品牌价值，也促进了民族文化的国际交流。

三、民族服饰图案数字化在电商平台的应用形式

（一）数字化展示技术

3D建模技术的应用，使得民族服饰图案能够在数字空间中以立体的形式呈现，提供给消费者更为真实和生动的视觉体验。这种技术不仅能展示服饰的细节，还能通过旋转、缩放等操作，让消费者从多角度感受服饰的设计美感和文化内涵。通过这种方式，消费者可以在购买前更清晰地了解产品，提升购买决策的信心。

增强现实（AR）技术的加入，为消费者提供了在实际环境中预览民族服饰图案的独特体验。通过移动设备，消费者可以将虚拟的民族服饰图案投射到现实场景中，观察其与日常环境的搭配效果。这种技术的运用，不仅增加了购物的趣味性和互动性，还能帮助消费者更直观地判断服饰的适用性和美观度，从而提升购物体验和满意度。

虚拟现实（VR）技术的整合，则为用户创造了一种沉浸式的购物体验。通过VR设备，消费者能够进入一个虚拟的民族服饰展览空间，身临其境地感受服饰的文化背景与设计理念。这种体验不仅限于视觉上的享受，还能通过音效和互动，增强消费者对民族服饰的理解和认同。这种创新的展示方式，不仅提升了用户的参与感，还能在潜移默化中传播民族文化的深层内涵。

数字化展示平台的多样化设计，支持图像、视频和交互式内容的结合，为用户提供了丰富的体验选择。消费者可以通过点击和滑动，查看服饰的不同细节和搭配建议，甚至可以参与设计和定制，增加了购物的个性化和趣味性。这种多样化的展示方式，极大地提升了用户的参与感与体验感，使得民族服饰图案在数字化传播中更加生动和立体。

高分辨率图像技术的应用，确保了民族服饰图案在电子商务平台上的清晰

度和细节展现。消费者可以通过高清图像，仔细观察服饰的纹理、色彩和工艺细节，这种细致的展示方式增强了消费者的购买欲望和信任感。通过高质量的视觉呈现，民族服饰的独特魅力得以充分展现，为消费者提供了更为直观和真实的购买体验。

（二）虚拟试穿体验

虚拟试穿体验是民族服饰图案数字化传播中的一项创新应用，通过增强现实和虚拟现实技术，为用户提供身临其境的试穿体验。它不仅打破了传统购物的时空限制，还通过数字化手段重塑了消费者的购物方式。虚拟试穿技术的基本概念是利用计算机生成的图像和真实环境相结合，用户可以在虚拟环境中试穿不同的民族服饰图案，从而更直观地感受服饰的风格和效果。这种技术的应用，不仅提升了用户的购物体验，还为民族服饰的数字化传播开辟了新的路径。

在虚拟试穿体验中，用户界面的设计至关重要。良好的用户界面设计能够确保用户轻松选择和调整民族服饰图案，提升互动性和用户体验。设计师需要考虑到用户在试穿过程中可能遇到的各种需求，如服饰的颜色、图案的变化以及不同服饰之间的搭配效果等。通过简洁直观的界面设计，用户可以在短时间内掌握操作要领，快速实现虚拟试穿。此外，界面设计还需兼顾美观与功能性，以吸引更多用户参与其中，为民族服饰图案的数字化传播提供强有力的支持。

（三）个性化定制服务

随着消费者对产品独特性和个人表达需求的提升，个性化定制服务成为电商平台吸引用户的重要手段。通过分析用户需求，平台能够识别消费者在民族服饰图案选择中的个性化偏好与期望。了解这些需求不仅有助于提升用户满意度，还能为平台开发更具针对性的产品和服务奠定基础。这种需求分析通常依赖于大数据技术，通过对用户行为和购买历史的分析，平台能够精准定位消费者的偏好，从而提供更具个性化的产品推荐。

为了增强用户的参与感，提供在线设计工具成为个性化定制服务的核心环节。用户可以通过这些工具，根据个人喜好对民族服饰图案进行自定义设计。这一过程不仅满足了用户对个性化的追求，还提高了用户的参与度和忠诚度。在线设计工具通常具备直观的用户界面和丰富的功能选项，使用户能够轻松地在图案、颜色、材质等方面进行选择和调整。这种参与式的设计体验，不仅增强了用户对产品的归属感，还为平台带来了创新的设计灵感。

个性化推荐系统是提升用户购买体验的另一重要策略。通过数据分析，平台能够为消费者推荐符合其风格和需求的民族服饰图案。这一系统通常基于机器学习算法，能够从大量的数据中提取用户的偏好模式，并据此进行个性化推荐。个性化推荐不仅提高了用户的购买效率，还增加了用户的满意度和忠诚度。通过这种方式，平台能够有效地促进销售，并在竞争激烈的市场中脱颖而出。

在个性化定制服务中，定制化生产流程的实施至关重要。为了确保用户提交的设计能够高效转化为实际产品，平台需要建立灵活且高效的生产流程。这一流程通常包括从设计到生产的全链条管理，确保每一个环节都能快速响应用户的需求。通过现代化的生产技术和管理手段，平台能够在短时间内完成从设计到交付的全过程，满足用户的个性化需求。这不仅提升了用户的购买体验，也为平台带来了更多的市场机会。

四、电子商务平台的用户行为与民族服饰图案传播

（一）用户浏览习惯分析

研究发现，用户对民族服饰图案的浏览时间通常较长，这表明用户对这些内容具有较高的兴趣和参与度。长时间的浏览不仅反映了用户对图案的吸引力，也为设计师和商家提供了优化用户体验的机会。通过分析用户的浏览时间，可以更好地了解他们的偏好，从而调整图案的展示方式，以提升用户的满意度和参与度。

在浏览民族服饰图案时，用户倾向于使用多种设备，包括手机、平板电脑等。这种多设备使用行为要求设计师在布局设计时采用响应式设计，以确保在不同设备上的用户体验一致。这种设计策略不仅提高了用户的访问便利性，还增强了用户对平台的黏性。响应式布局能够适应不同屏幕尺寸，从而提升视觉效果和交互体验，使得用户在任何设备上都能获得最佳的浏览体验。

用户在浏览民族服饰图案时，往往会关注产品的评价和反馈。社交证明在增强用户购买决策信心方面发挥着重要作用。用户通常会参考其他消费者的评价，以评估产品的质量和可信度。因此，商家应注重收集和展示用户的真实反馈，以增强潜在客户的信任感和购买意愿。积极的评价和反馈不仅提升了产品的吸引力，还能通过口碑传播进一步扩大市场影响。

（二）用户购买决策因素

用户在选择购买时，首先关注的是产品质量与材质的透明度。消费者倾向于选择那些提供详细信息和高质量材料的民族服饰图案，以确保购买的产品符合其期望。这种透明度不仅增强了消费者的信任度，也促进了产品的销售。此外，消费者对产品质量的要求也反映了他们对民族服饰图案文化价值的重视，显示出市场对高品质文化产品的需求。

价格与价值的匹配也是用户购买决策中的关键因素。在购买民族服饰图案时，消费者会仔细衡量价格是否合理，是否与产品的设计、工艺和文化价值相符。合理的价格定位能够有效吸引消费者，并促使他们完成购买行为。对于电子商务平台而言，明确产品的文化价值与价格之间的关系，有助于提升消费者的购买欲望，并在竞争激烈的市场中占据有利地位。

品牌声誉与影响力在用户购买决策中同样扮演着重要角色。用户更倾向于选择那些在市场上享有良好声誉的品牌，以此作为选择的依据，增强购买信心。一个品牌的声誉不仅仅体现在产品质量上，还涉及其在文化传承与创新方面的贡献。因此，品牌在推广民族服饰图案时，应注重塑造自身的文化形象，以获得消费者的信任和支持。

（三）用户反馈与互动

用户反馈的及时性至关重要，它确保设计师能够快速响应受众的需求与建议，从而优化民族服饰图案的设计与传播策略。通过及时的反馈机制，设计师可以迅速调整设计方向，满足用户的期望和市场的变化。用户的即时反馈不仅提高了设计的精准度，还增强了用户对产品的信任感和满意度，从而促进民族服饰图案在数字化平台上的传播和推广。

互动活动的多样化是增强用户参与感与归属感的有效手段。设计师可以通过问卷调查、在线投票等方式收集用户的意见。这些互动形式不仅使用户感受到被重视，还能激发他们对民族服饰图案的兴趣和热情。通过多样化的互动活动，用户不仅成为被动的接受者，还能积极参与到设计和传播过程中。这种双向互动模式不仅丰富了民族服饰图案的传播内容，还提升了用户的忠诚度和品牌的影响力。

定期举办线上活动和讨论会是促进用户之间交流与互动的有效方式。这些活动不仅提升了社群的活跃度，还增加了用户对民族服饰图案的关注度。在这些活动中，用户可以分享他们的见解和经验，设计师也可以借此机会了解用户的需求和市场趋势。这种互动不仅有助于形成一个积极活跃的用户社区，还能为民族服饰图案的传播提供新的思路和方向，推动其在数字化平台上的持续发展。

第三节 虚拟现实与增强现实技术在民族服饰图案传播中的应用

一、虚拟现实与增强现实技术概述

（一）虚拟现实技术原理与特点

虚拟现实技术的原理基于计算机生成的三维环境，旨在为用户提供一种沉浸式体验。这种体验不仅仅是视觉上的享受，更是通过交互式的设计，使用户能够在虚拟世界中进行实时互动。虚拟现实技术依赖于头戴式显示器（HMD）和各种传感器设备，这些设备能够精准捕捉用户的动作和视角，从而在互动性和真实感上大大增强用户体验。在民族服饰图案的传播中，虚拟现实技术通过模拟真实场景，帮助用户深入了解和欣赏民族文化的深度与细节。这种技术不仅可以展示服饰图案的设计美学，还能再现其历史背景和文化内涵。更为重要的是，虚拟现实技术支持多用户同时参与的环境，这种特性极大地促进了社交互动。用户可以在虚拟空间中共同体验和讨论民族服饰图案的文化内涵，形成一种跨时空的文化交流与传播。通过这种方式，虚拟现实技术为民族服饰图案的数字化传播提供了一个丰富而多元的渠道，使得传统文化能够在现代科技的助力下，焕发出新的生命力。

（二）增强现实技术原理与特点

增强现实技术是一种通过计算机生成的虚拟信息与现实世界相结合的技术，它通过在现实环境中叠加数字信息，为用户提供了一种全新的互动方式。这种技术在民族服饰图案的展示中具有显著的优势，能够将传统的静态展示转变为动态的视觉体验，从而增强观众对民族服饰图案的关注和理解。通过将虚拟元素与现实场景无缝结合，增强现实技术为民族服饰的传播开辟了新的渠道，使得传统文化能够在现代技术的支持下焕发出新的活力。

增强现实技术能够实时识别和追踪用户的环境，这一特性确保了虚拟内容能够与现实世界进行精准对接，提升了用户体验的沉浸感。通过摄像头和传感器，增强现实技术能够捕捉用户周围的环境信息，并将相应的虚拟图案叠加在合适的位置上。这种技术的精准对接能力，不仅提高了用户的参与度，还能让用户在真实环境中感受到民族服饰图案的立体效果，进而更好地理解和欣赏其复杂的设计和文化内涵。

二、虚拟现实技术在民族服饰图案展示中的应用

（一）沉浸式展示效果

通过三维环境的创建，用户能够在虚拟空间中获得沉浸式的体验，感受到民族服饰图案的真实质感与细节。这种技术不仅仅是简单的视觉呈现，更是通过模拟传统服饰的穿着效果，使用户能够在虚拟世界中进行互动与体验。这种互动性为用户提供了一种全新的方式去接触和了解民族服饰的精髓，仿佛置身于真实的文化环境中，亲身感受其魅力。

虚拟现实技术还为设计师提供了展示民族服饰图案文化故事的平台。通过虚拟现实，设计师可以将服饰背后的文化内涵以可视化的方式呈现，使用户能够更深入地了解这些图案所承载的历史与文化意义。这不仅增加了用户的参与感，还能激发他们对民族文化的兴趣与探索欲望。此外，虚拟现实平台支持多用户共同体验，这为用户之间的社交互动与讨论提供了便利。通过这种方式，用户不仅能够分享各自的体验，还能在交流中加深对民族服饰图案的认识与关注。

利用虚拟现实技术，用户能够在多样化的环境中探索民族服饰图案。这种多样性使得用户可以在不同的文化背景下欣赏这些图案，增强对不同文化的认知与欣赏。这种体验不受限于单一的文化视角，而是通过虚拟现实的多元化呈现，提供了一种跨文化的体验。这种创新的展示方式，不仅提升了民族服饰图案的传播效果，还为其在全球范围内的推广提供了新的可能性。虚拟现实技术的应用，使得民族服饰图案的数字化传播进入了一个全新的时代。

（二）虚拟展厅设计

通过虚拟现实技术，设计师可以创建一个沉浸式的展示环境，使用户仿佛

置身于真实的展览空间中。虚拟展厅的空间布局设计是这一过程的核心，需确保用户能够自由导航并直观地探索不同民族服饰图案的展示区域。这种自由度不仅提升了用户的参与感，还能激发他们对民族文化的深层次兴趣。此外，合理的空间布局有助于突出重点展品，使观众能够更专注于特定的文化细节和设计风格，从而加深对民族服饰的理解与欣赏。

在虚拟展厅中，交互元素的设置至关重要。通过点击展示和信息弹窗等交互设计，用户可以深入了解每一件展品的背景故事和设计理念。这种交互方式不仅提高了用户的参与感，也增强了他们的体验深度。通过动态信息的呈现，观众可以更全面地了解民族服饰的历史背景和文化内涵，从而在虚拟环境中获得类似于现实展览的丰富体验。交互元素的设计应注重用户体验，确保操作简便且信息获取直观，以便于不同背景和年龄的用户均能轻松上手。

多媒体内容的整合是虚拟展厅设计的另一重要方面。通过视频、音频和图像的结合，虚拟展厅能够呈现出更加生动和多元的文化景观。这种多感官的体验形式不仅丰富了展览的表现力，还增强了文化传递的效果。视频可以展示服饰的制作过程，音频可以讲述背后的文化故事，图像则可以展示细节与全貌的对比。多媒体的综合运用，使得民族服饰图案的展示不再局限于静态的视觉欣赏，而是成为一种动态的文化交流体验。

三、增强现实技术在民族服饰图案互动体验中的应用

（一）实时图案叠加

实时图案叠加技术的基本原理在于利用摄像头实时捕捉用户的环境，并将民族服饰图案叠加在其中，为用户提供增强的互动体验。这一技术通过复杂的算法和图像处理技术，能够识别并追踪用户所在环境的特定位置，将数字化的民族服饰图案准确地叠加到现实场景中。用户通过移动设备，如智能手机或平板电脑，可以在屏幕上看到实时的图案叠加效果。这种体验不仅让用户能够在实际环境中感受到民族服饰的设计与风格，还增强了他们对传统文化的理解和兴趣。

用户通过移动设备查看民族服饰图案的实时叠加效果，使其能够在实际环境中感受服饰的设计与风格。这种技术的应用，让用户可以在不同的场合和环境下，体验到民族服饰图案与周围环境的和谐融合。通过这样的互动，用户不

仅可以欣赏到民族服饰的美学价值，还能在潜移默化中接受传统文化的熏陶。这种体验式的学习方式，较传统的静态展示更具吸引力，也更能激发用户的好奇心和探索欲望，从而达到更好的传播效果。

实时图案叠加技术支持多种交互方式，例如手势识别和触控操作，提升用户与服饰图案的互动性。手势识别技术使用户能够通过简单的手势动作来切换、放大或缩小图案，甚至可以通过手势来选择不同的服饰组合。这些交互方式不仅提高了用户的参与感，还使得民族服饰图案的展示更加生动和立体。触控操作则允许用户通过点击屏幕来获取更多关于图案的背景信息和设计理念，加深对民族服饰文化的理解。

（二）用户交互设计

通过精心设计的用户交互界面，用户可以轻松导航和操作系统，这种直观设计不仅降低了用户的学习成本，还能在使用过程中提供一种流畅的体验。尤其是在民族服饰图案的展示中，直观的界面设计能够让用户更深入地了解和欣赏这些文化瑰宝。这种设计需要考虑到用户的操作习惯和认知特点，以确保用户能够在最短时间内上手并享受其中的乐趣。

1. 交互反馈机制的建立

通过视觉和听觉提示，用户在与系统互动时能够获得即时反馈，这不仅增强了用户对操作的理解与确认，还提高了整体的用户体验。例如，当用户选择一个民族服饰图案进行放大或旋转时，系统可以通过动画效果和声音提示来确认用户的操作。这种反馈机制不仅提高了用户的操作准确性，还增加了用户的参与感和沉浸感，使其更愿意探索和使用该应用。

2. 个性化设置选项

通过提供个性化设置，用户可以根据自身偏好调整展示内容，从而提升用户参与感。例如，用户可以选择自己感兴趣的民族服饰图案进行重点展示，或是调整界面的色彩和布局以符合个人审美。这种个性化的设计不仅满足了用户的个性化需求，还能通过增强用户的自主性来提升他们的满意度和使用黏性。

（三）移动设备应用

移动设备的用户界面设计应注重简洁性，以提升用户在浏览民族服饰图案时的操作体验和视觉舒适度。通过优化界面布局与交互逻辑，用户可以更加专注于图案本身的细节与美感，进而增强对民族文化的理解与认同感。简洁的设计不仅能吸引更多的用户，还能有效降低学习成本，提高用户的使用频率和满意度。

移动设备支持多种传感器技术，如摄像头和加速度计，这些技术使得实时的图案叠加和互动体验成为可能。用户可以通过摄像头实时捕捉周围环境，将民族服饰图案叠加在现实场景中，实现虚实结合的视觉效果。这种互动方式不仅提升了用户的参与感，也为民族服饰图案的传播提供了新颖的视角和途径。通过加速度计等传感器，用户能够与图案进行动态交互，进一步激发其探索和体验的欲望。

此外，移动设备的地理定位功能为民族服饰图案的个性化推荐提供了技术支持。通过分析用户的地理位置和文化背景，应用程序可以推荐与其相关的民族服饰图案设计，帮助用户发现与自身文化背景相契合的艺术作品。这种个性化的推荐机制不仅提升了用户的体验满意度，也在潜移默化中传播了多元文化的价值观，促进了不同文化之间的交流与理解。

移动设备的通知推送功能是增强用户黏性的重要手段。通过及时向用户传达民族服饰图案的最新动态和促销信息，应用程序能够有效地促进用户的再次访问和购买。这种即时性的信息传递方式，不仅有助于用户及时获取最新的设计与优惠信息，还能激发用户对民族服饰的持续关注和兴趣。通过合理的推送策略，应用程序可以在不打扰用户的前提下，保持用户的活跃度和忠诚度。

四、虚拟现实与增强现实技术在民族服饰图案设计创新中的应用

（一）图案生成算法

图案生成算法通过模拟和分析传统图案的几何结构和色彩搭配，能够在短时间内生成多种风格的图案，满足不同的设计需求。图案生成算法的应用不仅提高了设计效率，还推动了民族服饰图案的多样化发展，促进了文化的传承与创新。这些算法可以通过对大量图案数据进行深度学习，自动生成符合特定风格或主题的图案，成为设计师的重要工具。

图案生成算法的基本原理与流程主要涉及数据采集、模型训练和图案生成

等步骤。首先，通过高质量的图案数据集，算法能够学习并提取出图案的核心特征。接着，利用训练好的模型，设计师可以根据需求输入特定参数，生成符合要求的图案。该过程不仅需要强大的计算能力，还需要对民族文化有深刻理解，以确保生成的图案能够准确反映民族特色和文化内涵。这一流程的优化对提高设计效率和图案质量至关重要。

图案生成算法在个性化设计中的应用为消费者提供了更多选择。通过算法，设计师可以根据消费者的个人偏好和需求，生成独特的图案设计。这不仅满足了消费者对个性化产品的需求，也推动了民族服饰市场的多样化发展。在个性化设计中，算法的灵活性和高效性使得定制化产品的生产成为可能，为民族服饰行业带来了新的商业模式和发展机遇。

算法优化与图案生成的效率提升是当前研究的重点。随着计算技术的发展，图案生成算法的计算速度和精度不断提高。通过优化算法结构和提高计算能力，设计师能够在更短的时间内生成高质量的图案。这不仅提高了设计效率，也降低了设计成本，为民族服饰图案的广泛应用提供了技术支持。提高算法效率的同时，也需要确保生成图案的文化准确性和艺术价值。

图案生成算法与传统手工艺的融合方式为民族服饰图案设计提供了新的可能性。通过将现代算法技术与传统手工艺结合，设计师可以在保留手工艺精髓的同时，利用算法的高效性和创新性，创造出具有现代感的民族服饰图案。这种融合不仅有助于传统手工艺的传承，还能激发新的设计灵感，为民族服饰图案的创新提供了丰富的素材和方法。

（二）设计流程优化

设计流程的优化不仅仅是技术的革新，更是设计理念的进化。通过虚拟现实和增强现实技术，设计师可以在虚拟环境中实现图案的预览与调整，极大地提升了设计的直观性与互动性。这种沉浸式的体验使设计师能够更好地理解设计效果，从而在早期阶段就能发现并解决潜在的问题，减少后期的修改成本。

在优化设计流程的协作机制方面，虚拟现实和增强现实技术为设计师、工艺师与市场团队之间的沟通搭建了高效的桥梁。这些技术能够模拟真实的产品展示环境，使各团队成员在设计初期就能参与产品的评估与反馈，促进了信息的共享与流动。通过这种方式，不仅缩短了设计周期，还提高了设计决策的准确性和市场适应性。这种协作机制的优化，为民族服饰图案的创新设计带来了前所未有的效率与灵活性。

数字化设计工具的引入是设计流程优化的重要组成部分。传统的手工设计往往耗时且容易出错，而数字化工具则通过精确的计算与模拟，显著提升了设计效率与精确度。设计师可以在数字平台上进行多次迭代与调整，从而减少时间消耗与错误率。此外，这些工具还支持复杂图案的生成与修改，使得设计师能够更自由地发挥创意，探索更多设计可能性。

第四节　民族服饰图案数字化展览与线上活动的策划与实施

一、民族服饰图案数字化展览的设计原则

民族服饰图案数字化展览的设计原则在于提升用户体验，通过精心设计的界面和导航系统来增强观者的参与感和互动性。用户体验是数字化展览成功的关键因素，友好的界面设计可以使观者更容易地探索展览内容，流畅的导航系统则能帮助观者在不同内容之间自由切换，避免因操作复杂而导致的体验中断。此外，为了提高观者的参与度，展览设计还应融入互动元素，如虚拟导览、在线问答和实时反馈功能等，这些元素不仅能增加观者的兴趣，还能促进观者与展览内容的深度互动。

展览内容的丰富性同样至关重要，应充分结合多媒体技术，利用图像、视频和音频等多种形式来增强展示效果。多媒体技术的应用能够打破传统展览形式的限制，为观者提供更加生动和直观的文化体验。通过高质量的图像和视频，观者可以更细致地观察民族服饰图案的细节，而音频解说则可以提供背景知识和文化故事，从而增强文化传递的深度和广度。这种多感官的体验方式不仅能吸引观者的注意力，还能加深他们对展览主题的理解和记忆。

设计过程中必须考虑到不同受众的需求，提供个性化的内容推荐和互动功能，以吸引多样化的观者群体。观者的背景、兴趣和文化体验各不相同，因此，展览设计应具备一定的灵活性，能够根据观者的个人偏好进行内容的动态调整。例如，可以通过数据分析了解观者的兴趣点，并据此推荐相关的展览内容。个性化的互动功能，如虚拟试穿民族服饰或自定义展览路线，也能提高观者的参与感，使他们在展览中获得独特的体验。

二、民族服饰图案数字化展览的策划与设计

（一）展览主题与内容策划

展览主题的选择不仅需要突出民族服饰图案的文化内涵，还应强调其在当代社会中的重要性与价值。民族服饰图案蕴含着丰富的历史与文化信息，其图案设计常常反映了特定民族的生活方式、信仰和社会结构。因此，在策划展览主题时，必须深入挖掘这些图案背后的文化故事，以便观者能够更好地了解和欣赏这些艺术作品。同时，展览主题还应与当前社会文化潮流相结合，使其在现代社会中具有更强的吸引力和影响力。

展览内容的策划应围绕民族服饰图案的创新设计展开，展示不同设计师的创意作品与设计理念。这不仅能够显示出传统图案在现代设计中的再生与应用，还能够激发观者对民族文化的兴趣与认同。每位设计师的作品都应展示其独特的设计风格和理念，形成多样化的视觉体验。此外，展览内容应注重作品的故事性，通过设计师的讲述或作品的背景介绍，让观者更深入地了解每件作品的创作过程与文化意义。通过这样的方式，展览不仅是视觉的享受，更是文化的交流与传播。

为了增强观者的参与感，展览应结合数字化技术，提供互动体验环节。这些互动体验可以包括虚拟现实体验、增强现实应用以及数字化创作平台等，让观者能够亲身参与民族服饰图案的创作与传播。通过这些技术手段，观者可以在虚拟环境中尝试设计自己的民族服饰图案，或者通过增强现实技术在现实环境中体验服饰的视觉效果。这种沉浸式的互动体验不仅能提高观者的参与度和兴趣，还能加深他们对民族服饰文化的理解和感知。

（二）展览布局与交互设计

模块化设计是展览布局的核心策略之一，它不仅使展览空间更具灵活性，还能根据观者的兴趣提供多样化的主题区域。这种设计方式允许观者自主选择感兴趣的部分进行深入探索，极大地提升了个性化体验。这种模块化布局不仅能够吸引更多观者参与，还能通过主题的多样性满足不同文化背景和兴趣的观者需求，从而增强展览的吸引力和影响力。

交互设计是数字化展览的另一个关键要素。通过融入触摸屏和虚拟导览系

统，观者能够以自助方式获取信息，增加参与感与互动性。这种设计不仅提高了观者的体验质量，还能通过互动的方式加深观者对展览内容的理解和记忆。触摸屏的应用使得信息获取更加直观和便捷，而虚拟导览系统则提供了更为全面的背景信息和导览服务，帮助观者在展览中获得更丰富的体验。

在设计展览布局时，还需特别考虑观者的流动路线。合理的流动路线设计能够确保展览空间的通透性和舒适度，避免出现拥堵的情况，提高观者的整体体验质量。流动路线的设计需要综合考虑观者的观展习惯和展览内容的逻辑顺序，以确保观者能够顺畅地参观整个展览。此外，合理的流动路线还能够有效地引导观者的注意力，帮助他们更好地了解和欣赏展览内容。

三、民族服饰图案线上活动的形式与内容

（一）线上讲座与研讨会

在策划线上讲座时，主题的选择至关重要，应聚焦于民族服饰图案的创新设计与数字化传播策略，以确保内容的专业性与吸引力。通过深入探讨这些主题，可以帮助参与者更好地了解民族服饰图案的价值与现代应用。在这样的讲座中，不仅要涵盖传统图案的历史背景和文化内涵，还要探讨如何通过数字化手段赋予这些图案新的生命力，使其在现代设计中焕发光彩。

邀请行业专家和设计师作为讲座嘉宾，是提升线上活动权威性的重要策略。专家和设计师可以分享他们在民族服饰图案数字化设计方面的经验与见解，为参与者提供宝贵的实践指导。通过这些专业人士的分享，参与者能够了解最新的设计趋势和技术应用，获取第一手的行业资讯。此外，专家的参与也为活动增添了学术深度，使其不仅仅是知识的传递，更是思想的碰撞与交流。

设计互动环节，如实时问答和投票，是提升线上讲座参与感与趣味性的重要手段。通过这些互动环节，参与者可以就自己感兴趣的话题与嘉宾进行交流，提出问题并获得解答。这种互动不仅增加了活动的趣味性，也使得参与者能够更积极地参与其中，增强了他们的学习体验。同时，投票还可以帮助主办方了解参与者的兴趣点，为后续活动的策划提供参考。

利用多媒体展示技术，如视频和图像，是增强线上讲座视觉效果的重要手段。通过生动的视觉展示，参与者可以更直观地了解民族服饰图案的设计理念和应用实例。这种直观的展示方式，不仅提高了讲座的吸引力，也使得复杂的

设计概念变得更加易于理解。此外，多媒体技术的运用还可以展示民族服饰图案在不同数字化平台上的应用效果，为参与者提供更多的设计灵感。

（二）线上比赛与评选活动

线上比赛与评选活动不仅为设计师和爱好者提供了一个展示创意的平台，还能够通过互动和评选过程，激发公众对民族文化的兴趣和认同。在策划线上比赛时，主题的设置至关重要，应聚焦于民族服饰图案的创新设计，鼓励参与者在作品中探索传统与现代元素的结合。这种结合不仅能体现设计的多样性和创新性，也能够在全球化背景下展示民族文化的独特魅力。

评选标准的设定是确保活动专业性和公平性的关键，必须明确包括创意性、文化内涵、市场潜力等多个维度。创意性是衡量作品新颖程度的重要指标，文化内涵要求作品能够深刻体现民族服饰的历史背景和文化意义，市场潜力则关注作品在实际应用中的可行性和商业价值。这些标准的综合运用，有助于在评选过程中，全面考量作品的各个方面，从而选拔出既具艺术价值又具市场前景的优秀作品。

比赛期间，互动环节的设置能够有效增强活动的参与感和影响力。通过参与者投票或在线评论，可以形成良好的互动，这不仅提高了参与者的热情，也为作品提供了多元化的反馈渠道。这种互动机制不仅能扩大活动的影响力，还能促进民族服饰图案在更广泛的受众中传播，提升其社会关注度。

参赛作品的展示平台应当多样化，以提高作品的曝光率和市场接受度。结合社交媒体和电子商务平台，可以让作品在更广泛的受众中得到展示。社交媒体的广泛传播性和电子商务平台的商业化潜力，使得参赛作品不仅能获得更高的曝光率，还能直接与市场需求对接。这种多平台的展示策略，有助于推动民族服饰图案从设计走向市场，实现文化价值与商业价值的双重提升。

（三）线上工作坊与体验活动

线上工作坊与体验活动形式不仅打破了时间和空间的限制，还能通过互联网技术实现更广泛的文化传播。线上工作坊的主题应紧紧围绕民族服饰图案的创意设计与数字化传播，旨在鼓励参与者探索传统文化与现代设计的结合。通过这种方式，参与者能够深入了解民族服饰图案的历史背景与文化内涵，同时激发他们的创新思维，使传统文化在现代社会中得到新的诠释和发展。

在工作坊中，提供互动体验环节是至关重要的。参与者可以亲自参与民族服饰图案的设计过程，从中获得实践感和参与感。这种互动不仅能增强参与者对民族文化的认同感，还能提高他们的设计能力和数字化技能。通过亲身体验，参与者能够更好地了解民族服饰图案的美学价值和文化意义，从而在潜移默化中促进传统文化的传承与创新。这种体验式学习模式对民族服饰图案的数字化传播具有重要的推动作用。

为了提升活动的专业性，邀请专业设计师和文化学者作为讲师是一个有效的策略。这些专家可以分享他们在民族服饰图案数字化创新方面的经验与技巧，为参与者提供专业指导和灵感启发。通过与行业专家的交流，参与者可以深入了解民族服饰图案设计的前沿趋势和技术应用，进一步拓宽他们的视野和思维。这种知识的传递和分享不仅有助于提升参与者的专业水平，还能为民族服饰图案的数字化传播注入新的活力和动力。

利用社交媒体平台进行线上工作坊的宣传与推广是扩大活动影响力的重要手段。通过社交媒体，活动信息能够快速传播到更广泛的受众群体，吸引更多人参与其中。这不仅有助于提高活动的知名度和参与度，还能为民族服饰图案的数字化传播创造良好的舆论氛围和社会关注度。此外，社交媒体的互动性和社群性也为参与者提供了一个分享和交流的平台，进一步增强了活动的影响力和传播效果。

四、民族服饰图案数字化展览与线上活动的整合策略

（一）整合策略分析

整合策略分析旨在探索如何通过数字化手段有效整合展览与线上活动，以提升民族服饰图案的传播效果。通过多渠道推广策略，数字化展览可以利用网站、社交媒体、移动应用等平台，扩大受众覆盖面，提升参与度与关注度。多渠道的宣传策略不仅能吸引更多的参与者，还能通过不同平台的特点，有针对性地设计内容，增强传播的深度与广度。整合策略的核心在于协调各渠道的资源，实现统一的传播目标。

在数字化展览与线上活动的整合过程中，社交媒体平台的作用不可忽视。这些平台不仅是信息传播的重要渠道，也是增强互动性的有效工具。通过社交媒体，人们可以实时参与讨论、反馈意见，并与其他用户分享体验。这种互动

性不仅提升了大家的参与感，也为策展方提供了宝贵的用户反馈数据。通过分析这些数据，策展方可以更好地了解用户需求，优化展览与活动内容，提高用户满意度。此外，社交媒体的分享功能能够实现二次传播，扩大活动的影响力。

建立数据分析机制是实现数字化展览与线上活动整合的重要手段。通过实时监测用户的行为与反馈，策展方能够及时调整和优化展览与活动内容，以便更好地满足用户需求。数据分析不仅能帮助策展方了解用户的兴趣和偏好，还能为未来的策展提供决策支持。通过系统化的数据分析，策展方可以发现潜在的问题与机会，制定更具针对性的传播策略，提高展览与活动的整体效果。

促进不同形式活动之间的协同效应是整合策略的最终目标。通过确保展览与线上活动内容的一致性与连贯性，策展方能够实现不同活动之间的互补与支持，从而增强整体传播效果。协同效应的实现需要策展方在策划阶段就统筹考虑各活动的主题、内容和形式，确保其在时间和空间上的协调一致。通过这种整合策略，民族服饰图案的数字化传播能够在多元化的文化市场中占据一席之地，推动传统文化的创新发展与广泛传播。

（二）资源共享机制

通过构建跨部门协作机制，可以确保设计师、市场团队与技术支持之间的信息流通与资源共享。这种机制不仅有助于提高项目的执行效率，还能促进各部门之间的紧密合作，形成合力。设计师能够从市场团队获取最新的市场需求和用户反馈，从而更好地指导设计方向；而技术支持则可以根据设计师的需求，提供相应的技术解决方案，确保设计理念的完美实现。

为了进一步优化资源共享，创建一个在线平台显得尤为必要。该平台应集中存储和分享民族服饰图案的设计资源、市场调研数据以及用户反馈。团队成员可以随时访问这些信息，确保在设计和实施过程中，所有决策都基于最新的数据和市场趋势。这种集中化的信息管理方式，不仅提高了团队的工作效率，还为各部门提供了一个共同的沟通和协作空间，减少了信息不对称带来的风险。

社交媒体和电子商务平台的利用，则为资源共享提供了另一种可能性。通过这些平台，可以推动用户生成内容（UGC）的分享，使消费者的创意和反馈成为设计过程中的重要参考资源。用户生成内容不仅丰富了设计资源库，还为设计师提供了真实的市场反馈和创意灵感，使设计作品更贴近消费者的需求。这种互动模式，不仅增强了用户的参与感，还提高了品牌的市场竞争力。

（三）协同工作流程

1. 跨部门沟通机制的建立

跨部门沟通机制的建立尤为重要，它能够确保设计、市场和技术团队之间的信息及时共享与反馈，从而避免信息孤岛的产生。这种沟通机制不仅可以加快问题的解决速度，还能在项目初期就明确各部门的职责和任务，减少后期的协调成本。此外，跨部门沟通的有效性还体现在能够及时捕捉市场变化和用户需求，进而快速调整设计方案和技术实现路径，确保项目的市场适应性和用户满意度。

2. 制定明确的项目时间表

在项目管理中，时间表的制定不仅仅是为了约束各环节的时间节点，更是为了在项目实施过程中提供一个清晰的推进路径。通过制定详细的时间表，各部门可以更好地协调资源，确保每个阶段的工作按计划推进。同时，定期进行进度评估与调整，可以帮助项目团队及时发现潜在问题，并在问题扩大化之前采取有效措施进行纠正。这样，不仅能提高项目的成功率，还能提高团队成员的时间管理能力和责任心。

3. 在线协作工具的利用

通过这些工具，团队成员可以实现实时交流与资源共享，大大提高了工作效率。在数字化展览与线上活动中，在线协作工具不仅可以用于团队内部的沟通，还可以用于与外部合作伙伴的互动。通过这些工具，团队可以实现跨地域的无缝协作，打破时间和空间的限制。此外，在线协作工具还提供了丰富的数据分析功能，可以帮助团队更好地了解项目进展和团队动态，进而做出更加科学的决策。

五、民族服饰图案数字化展览与线上活动的宣传与推广

（一）社交媒体宣传策略

制定社交媒体内容日历是实现这一策略的首要步骤。通过精心规划，定期发布与民族服饰图案相关的创意内容，可以确保持续吸引受众的关注与参与。内容日历不仅帮助团队保持内容发布的一致性，还能通过提前策划的主题活动，确保每个发布时间点都能与受众产生共鸣。这样的方法能够在不断变化的社交

媒体环境中保持信息的鲜活性和吸引力，从而增强民族服饰图案在数字化背景下的传播效能。

社交媒体平台的广告投放功能为提升民族服饰图案的曝光率和市场认知度提供了新的契机。通过精准定位目标受众，广告投放可以在有限的预算下实现最大的传播效果。利用大数据分析工具，团队可以识别出最具潜力的受众群体，并通过定制化的广告内容触达这些群体，以确保信息的有效传递。这种精准的广告投放策略不仅提高了民族服饰图案在社交媒体平台上的可见度，还为其在市场中建立了更强的认知基础，为未来的数字化传播奠定了坚实的基础。

与时尚博主和文化影响力人物的合作是增强民族服饰图案传播效果的另一重要策略。时尚博主和文化影响力人物拥有广泛的粉丝基础和较高的信任度，他们的推荐能够有效地提升品牌的知名度和美誉度。通过与这些人物的合作，民族服饰图案可以借助他们的影响力迅速进入目标受众的视野，形成更为广泛的传播。合作的形式可以多样化，包括联合推出服饰系列、参与线上活动或分享个人体验等，旨在通过多渠道、多层次的合作实现品牌影响力的最大化。

（二）合作媒体与合作伙伴的选择

合作媒体的选择应首先考虑其与文化传播的契合度，以增强民族服饰图案的文化认同感和影响力。文化传播相关的媒体通常拥有丰富的文化背景知识和专业的传播渠道，能够更好地诠释民族服饰图案的内涵与价值。此外，与这些媒体合作，可以通过他们的专业视角和平台优势，吸引更多对民族文化感兴趣的受众，进一步提升民族服饰图案的文化影响力。

与时尚和设计类专业媒体建立合作关系也是不可或缺的一环。时尚和设计类专业媒体在行业内拥有较高的权威性和广泛的受众群体，与其合作能够有效提升民族服饰图案在时尚界的曝光率和认可度。这类媒体不仅能够在其平台上展示民族服饰图案的独特美感，还可以通过专题报道、设计师访谈等形式，深入挖掘图案背后的文化故事和设计理念，吸引更多时尚界人士的关注和参与。

在数字化传播的背景下，寻求与电子商务平台的合作也显得尤为重要。电子商务平台拥有庞大的流量和用户基础，是推动民族服饰图案销售与市场渗透的理想渠道。通过与这些平台的合作，可以上架民族服饰图案相关产品，利用平台的推荐机制和营销工具，扩大产品的市场覆盖面。同时，电子商务平台的用户数据分析功能也可以更精准地了解消费者的需求和偏好，从而不断优化产品和推广策略。

第五章 民族服饰图案数字化传播的内容策略

第一节 民族服饰图案数字化传播的内容选择

一、传统民族服饰图案的筛选

（一）具有代表性的图案类型

具有代表性的图案类型通常包括那些在历史长河中一以贯之的经典图案，如汉族的龙凤纹、藏族的八宝纹等，这些图案经过时间的洗礼，已成为民族文化的象征。通过数字化手段，这些图案可以被更广泛地传播和保存，使其在现代社会中焕发新的生命力。

1. 具有文化象征意义的图案类型

这些图案不仅仅是视觉上的符号，更是民族精神和价值观的体现。例如，苗族的蝴蝶纹象征着生命的起源与繁衍，彝族的虎纹则象征着勇敢和力量。通过数字化技术，这些具有深厚文化内涵的图案可以被赋予动态的表现形式，使观者能够更直观地感受到其背后的文化意义，从而加深对民族文化的理解和认同。

2. 反映地域特色的图案类型

不同地域的民族服饰图案往往具有独特的地理和生态背景，这些图案通过色彩、形状和结构等方面的差异，展现出各自的地域特色。例如，傣族的孔雀图案以其绚丽的色彩和优雅的造型，反映出云南地区的自然风光和文化氛围。数字化传播可以突破地域限制，使这些地域特色鲜明的图案被更广泛的受众接受和欣赏。

3. 展现工艺技法的图案类型

这些图案不仅展示了民族服饰的美学价值，还反映了其背后的工艺技法和制作过程。例如，壮族的蜡染工艺和蒙古族的刺绣技法都是通过特定图案表现出来的。数字化技术可以通过虚拟现实或增强现实等手段，模拟出这些工艺技法的应用过程，使观众能够身临其境地体验到传统工艺的魅力，从而促进传统技艺的保护和传承。

（二）文化内涵丰富的图案元素

文化内涵丰富的图案元素不仅仅是视觉上的装饰，更是文化传承的载体，承载着一个民族的历史记忆和情感表达。图案元素中的象征性符号，如动物、植物和自然现象，往往传达特定的文化意义和情感表达。例如，龙凤图案在中国传统服饰中象征着权力和吉祥，而莲花则代表纯洁和再生。通过这些符号，民族服饰不仅仅是服装，更是文化的象征和情感的寄托。

色彩运用在民族服饰中也具有深刻的文化寓意。不同颜色在民族服饰中所代表的情感和社会地位各不相同。以中国传统服饰为例，红色常被视为喜庆和幸福的象征，而白色则通常与纯洁和哀悼相关。在一些少数民族中，黑色可能象征着神秘和力量，而蓝色则代表着宁静和智慧。色彩的运用不仅丰富了服饰的视觉效果，也在无形中传递了深刻的文化信息和社会象征。

图案中的几何形状与构图同样反映出民族的审美观和哲学思想。几何图案常常以其对称性和重复性，展现出一种和谐与秩序之美。这些几何图案不仅仅是装饰，也是民族哲学思维的体现，通过图案的排列组合，传递出深刻的文化内涵和哲学理念。

工艺技法的表现，如刺绣、染织等，充分展现了民族技艺的独特性和传承价值。刺绣技艺在许多民族服饰中占据重要地位，通过精湛的手工技艺，将丰富的图案元素生动地呈现在服饰上。染织技艺则通过色彩的浸染和图案的编织，创造出独特的视觉效果。这些技艺不仅仅是服饰美学的体现，更是民族文化传承的重要组成部分，展示了手工艺的独特魅力和传承价值。

故事性图案在民族服饰中通过图案讲述历史故事或民间传说，增强文化认同感和传承意识。这些图案常常以直观的方式，将一个民族的历史、传说和文化记忆生动地展现在服饰上。例如，苗族服饰中的图案可能讲述一个古老的爱情故事，而蒙古族服饰中的图案可能描绘一场历史战争。这些故事性图案不仅丰富了服饰的文化内涵，也在无形中加强了民族的文化认同感和传承意识。

二、现代创新民族服饰图案的纳入

（一）设计师原创的民族风格图案

设计师原创的民族风格图案不仅保留了传统民族图案的文化精髓，还通过再创作赋予了其现代设计语言。这一过程要求设计师深入了解传统图案的历史背景和文化内涵，并将其与当代设计趋势相结合。通过这种方式，传统图案焕发出新的生命力，更容易被当代消费者所接受和喜爱。这种再创作不仅是对传统图案的尊重和传承，更是设计师创造力的体现，展示了他们在现代设计领域的独特视角和创新能力。

在原创民族风格图案的创作中，色彩的创新运用是一个关键因素。传统民族图案通常有其固定的色彩搭配，而现代设计则通过大胆的配色方案提升其视觉吸引力。设计师常常利用现代色彩理论，结合数字技术，创造出令人耳目一新的视觉效果。这不仅增强了图案的现代感，还使其在视觉上更具冲击力和吸引力。此外，色彩的变化也为传统图案注入了新的生命力，使其能够更好地适应现代市场的需求和消费者的审美变化。

设计师在创作过程中融入个人艺术风格，使每个民族风格图案都具有独特的个性和辨识度。这种个性化的设计不仅丰富了民族图案的表现形式，也为其注入了设计师独特的艺术视角。通过这种方式，设计师不仅是在创作图案，更是在讲述自己的艺术故事。这种个性化的表达使每一件作品都成为独一无二的艺术品，能够在市场中脱颖而出。同时，这种独特性也增强了消费者对产品的认同感和归属感，提升了品牌的价值。

（二）融合多元文化的新型民族图案

新型民族图案的设计通过跨文化的视角，将不同民族的传统元素巧妙结合，创造出一种具有全球吸引力的独特视觉风格。这种设计理念不是对传统图案的简单叠加，而是通过深刻理解各民族文化的内涵，进行创新性的融合与再造。设计师在这一过程中，充分利用现代设计手法，对传统图案进行重新诠释，使其焕发出新的生命力，形成一种具有时代感的视觉语言。这种视觉语言不仅能够吸引全球观众的目光，还能够在不同文化之间架起一座沟通的桥梁。

在新型民族图案的创作中，设计师强调共通性与多样性，通过不同文化元素的交融，促进文化交流与理解。这种方法不仅丰富了民族图案的表现形式，还使其在全球化背景下更具竞争力。通过对多元文化的深度挖掘和巧妙融合，新型民族图案不仅保留了各民族传统的精髓，还展现出一种全新的艺术表达形式。这种表达形式不仅能够满足不同文化背景下消费者的审美需求，还能够激发他们对其他文化的兴趣和尊重。

新型民族图案在设计过程中注重可持续发展的理念，选择环保材料和生产工艺，以符合当代消费者对可持续发展的期待。现代消费者在追求美观和实用的同时，也越来越关注产品的环境影响。因此，设计师在材料选择和生产工艺上，应尽量采用可再生资源和低能耗的技术，以减少对环境的负面影响。这种可持续设计理念不仅提升了民族图案产品的市场竞争力，也为推动绿色消费文化的形成贡献了一份力量。

（三）运用数字技术生成的虚拟民族图案

通过生成对抗网络（GAN）技术，可以自动生成具有民族特色的图案。这种技术的应用不仅提高了设计效率，还在图案的多样性上提供了前所未有的可能性。GAN 技术通过对大量传统图案的学习，能够生成出新颖且富有文化内涵的图案，这为设计师提供了一个丰富的创作源泉，同时也使得民族图案能够更好地适应现代审美和市场需求。

利用 3D 建模技术，将虚拟民族图案应用于服饰样式中，可以提供更加真实的视觉体验与展示效果。这种技术允许设计师在虚拟环境中对图案进行多角度和多层次的展示，使得设计作品在未实际生产之前就能够被全面地评估和调整。这不仅提高了设计的精准度，还能在一定程度上降低生产成本。此外，通过 3D 建模，设计师可以在虚拟空间中尝试不同的材质和颜色组合，进一步丰富民族服饰图案的表现力。

通过虚拟现实技术，用户可以在沉浸式环境中接触和设计民族图案，从而增强文化参与感。虚拟现实技术的应用打破了传统展示方式的局限，使用户能够以一种全新的方式接触和了解民族图案。用户不仅能够观察到图案在不同服饰上的应用效果，还能通过互动体验感受到图案背后的文化故事。这种沉浸式的体验有助于提升用户对民族文化的认同感和兴趣，进而推动民族服饰的数字化传播。

采用参数化设计工具，根据用户偏好生成个性化的民族图案，能够满足市场对定制化产品的需求。参数化设计通过调整设计参数，快速生成多种图案方案，使每个用户都能拥有独一无二的设计。这种个性化的设计方式不仅迎合了现代消费者追求个性化和独特性的需求，也为民族图案的创新提供了新的可能性。通过这种方式，民族图案能够更好地融入现代生活，成为时尚潮流的一部分。

三、数字化传播平台的内容适配

（一）平台特性的分析

平台特性的分析是制定有效传播策略的基础。每个数字平台都有其独特的特性，这些特性决定了内容的呈现形式和传播方式。社交媒体平台如微博和微信，强调信息的快速传播和用户的广泛参与，通过简洁明快的图文结合方式吸引用户注意。相比之下，电子商务网站如淘宝和京东，则更注重产品展示和购买转化，要求内容具备详细的产品信息和高质量的视觉呈现。专业设计平台如Behance和Dribbble，旨在展示创意设计作品，强调内容的创新性和专业性。因此，针对不同平台的特性，民族服饰图案的数字化传播策略需要进行差异化设计，以最大化传播效果。

数字化传播平台的用户群体分析是内容策略制定的关键环节。通过分析平台的用户群体，可以确定目标受众的需求和偏好，从而制定相应的内容策略。社交媒体平台的用户群体通常较为年轻，偏好视觉冲击力强的内容，因此在内容设计上可以更加注重图案的色彩和形式感。而电子商务平台的用户则更关注产品的实用性和性价比，内容策略应更多地展示服饰图案的文化内涵和应用场景。专业设计平台的用户群体则多为设计师和艺术爱好者，他们对图案设计的原创性和艺术价值有更高的要求。因此，针对不同平台的用户群体，内容策略需要灵活调整，以满足不同受众的需求。

平台的互动性设计是提升用户参与感和传播效果的重要手段。通过用户生成内容（UGC）和社交分享功能，用户可以更积极地参与到内容的创作和传播中。UGC不仅可以丰富内容的多样性，还能增强用户的归属感和黏性。社交分享功能则可以通过用户的社交网络实现内容的二次传播，扩大传播范围和影响力。因此，在内容策略中，应充分利用平台的互动性设计，鼓励用户参与内容创作和分享，增强传播效果。

数据分析工具的应用是优化内容策略和传播效果的有效手段。通过实时监测用户行为和反馈，传播者可以获得关于内容表现的详细数据。这些数据可以帮助识别受欢迎的内容类型和传播渠道，从而优化内容策略。通过数据分析，还可以及时调整内容的发布时间和形式，以适应用户的习惯和偏好，提高传播效果。因此，在数字化传播中，数据分析工具的应用不可或缺，是实现精准传播的重要保障。

（二）内容格式的优化

1. 多媒体内容的整合

多媒体内容的整合能够显著提升传播的丰富性和吸引力。通过结合图像、视频和音频等多种形式，不仅可以展示民族服饰图案的视觉美感，还能通过声音讲述和动态影像传达其背后的文化故事。这种多媒体组合的方式不仅使信息更加生动，还能吸引更多用户的关注与参与。在这种背景下，国内外的比较研究也显示，多媒体形式的传播在文化传承中具有更高的接受度和影响力。

2. 可视化信息设计

图表和信息图形化的呈现方式，可以直观地呈现民族服饰图案的文化内涵与历史背景。这种方法不仅增强了用户的理解能力，还能帮助他们更好地记忆和传播这些信息。历史演进的图示、文化符号的解读等，都可以通过可视化手段得到更有效的表达。尤其是在学术研究中，信息图形化的呈现方式已经成为一种趋势，能够帮助研究者更清晰地展示复杂的数据和文化脉络。

3. 移动端友好的内容格式

随着移动设备的普及，确保民族服饰图案在手机和平板上的良好适配性变得至关重要。优化图案展示的技术手段，可以确保用户在不同设备上均能获得良好的体验。这不仅提高了用户的使用便利性，也扩大了传播的覆盖面。移动设备的普及使得这种适配性成为数字化传播的基础要求，尤其是在年轻用户群体中。

（三）用户交互设计

用户界面的友好设计是确保用户能够轻松导航和访问不同民族服饰图案内

容的关键。通过优化界面布局和简化操作流程，用户可以在更短的时间内获取所需信息，极大地提升了用户体验。这种设计不仅需要考虑视觉美观，还需要兼顾功能实用性，确保用户在浏览过程中感受到流畅和愉悦。

互动式图案生成工具的引入为用户提供了极大的创作自由。用户可以根据个人喜好自定义和创建独特的民族服饰图案，这种参与式设计不仅增强了用户的参与感，还激发了他们的创新潜能。这种工具的使用不局限于图案的生成，更是用户与数字化平台之间的深度互动，促进了用户对民族服饰文化的理解和认同。

四、内容选择的多样性与包容性

（一）多元文化的包容性

多元文化的包容性设计理念，强调在民族服饰图案中融入不同文化元素，以促进文化间的理解与尊重。这种设计理念不仅丰富了民族服饰的视觉表现力，还为其注入了新的文化内涵。在数字化传播过程中，设计师通过运用多元文化元素，使民族服饰图案成为跨文化交流的桥梁，促进不同文化背景的人们之间的相互理解与欣赏。

通过跨文化交流与合作，设计师能够激发出更多具有多样性的民族服饰图案，反映出全球化背景下的文化融合。这种合作不仅限于设计师之间，还包括不同文化领域的专家、艺术家及学者的参与。通过这种多层次的合作，民族服饰图案能够更好地体现文化的多样性，并在保留传统特色的同时，融入现代设计元素，从而使其在国际市场上更具竞争力。

鼓励消费者参与多元文化的表达与分享，是增强对不同民族服饰图案认同与欣赏的重要途径。社交平台的兴起为这种参与提供了便利，消费者可以通过分享和评论来表达对民族服饰图案的看法与理解。这种互动不仅有助于提高消费者对民族服饰图案的认知与兴趣，还能为设计师提供反馈，帮助他们更好地把握市场需求与文化趋势。

（二）内容形式的多样性

通过多媒体内容的多样性，结合视频、音频和图像等多种形式，可以有效提升民族服饰图案的传播效果和吸引力。视频能够动态展示服饰图案的细节和制作过程，音频则可以配上解说或相关音乐，丰富用户的感官体验。图像则提供了静态欣赏的机会，使用户能够细细品味图案的精美之处。这种多媒体的结合，不仅丰富了内容形式，也为用户提供了更为立体的文化体验。

互动式内容设计是增强用户参与感和归属感的重要策略。通过在线投票、评论和分享功能，用户可以在数字平台上表达自己的观点和喜好，形成良性的互动氛围。这种互动不仅有助于增强用户对民族服饰图案的兴趣和忠诚度，还可以通过用户反馈不断优化内容策略。用户的参与感和归属感是传播成功的关键因素，互动设计使用户从被动的内容接收者转变为主动的内容创造者，促进了民族服饰文化的广泛传播。

信息图形化设计能够将民族服饰图案的文化内涵和历史背景以图表形式呈现。通过简洁明了的图形化设计，用户能够更容易地理解和记忆复杂的文化信息。这种方式不仅增强了内容的可读性，还提高了用户的学习效率。在信息过载的时代，图形化设计为用户提供了一种高效获取信息的途径，帮助他们更好地了解民族服饰的文化价值。

第二节　民族服饰图案数字化传播的故事性表达

一、故事性表达在民族服饰图案传播中的重要性

（一）增强文化认同

讲述民族服饰图案背后的故事，可以有效增强消费者对其文化价值的认同感，进而促进文化的传承与传播。民族服饰图案承载着丰富的历史与文化内涵，讲述这些图案的起源、演变以及其在不同历史时期的象征意义，可以使消费者更深入地了解其背后的文化价值。这种文化认同感不仅有助于保护和传承民族文化，也能激发消费者的购买欲望和对产品的忠诚度。

结合现代数字技术，创造互动式故事体验，是增强文化认同的创新方式之一。通过虚拟现实、增强现实等技术，用户可以身临其境地体验民族服饰图案的历史背景和文化故事。这种互动式体验不仅可以加深用户对民族服饰图案的理解，还能在情感上与其产生共鸣。用户在参与这些互动式体验时，不是被动的接受者，而是成为故事的一部分，增强了他们对民族文化的认同感。

利用多媒体形式展示民族服饰图案的历史与文化故事，可以大大提升观者的沉浸感与参与感，从而增强文化认同。通过视频、音频、动画等多种形式，生动地再现民族服饰图案的历史场景和文化背景，可以让观者更直观地感受到其文化内涵。这种多媒体展示方式，不仅丰富了民族服饰图案的传播内容，也使文化认同的建立更为自然和深刻。观者在这种沉浸式体验中，不仅能获得知识，还能在情感上与民族文化产生联系。

通过社交平台分享个人与民族服饰图案相关的故事，是促进用户之间文化交流与认同感建立的重要手段。在社交媒体上，用户可以分享自己与民族服饰图案的故事，比如穿着某种民族服饰参加活动的经历，或者某种民族服饰对自己的特殊意义。这些个人故事不仅丰富了民族服饰图案的传播内容，也为其他用户提供了参考和启发，促进了文化交流。在这种互动中，用户不仅是文化的接受者，也是文化的传播者，增强了对民族文化的认同感。

（二）提升传播效果

通过精心设计的故事性表达，可以有效地吸引用户的注意力，并激发他们的参与热情。利用互动故事讲述的方式，不仅能够使用户更深入地了解民族服饰图案背后的文化内涵，还能够鼓励他们分享个人体验。这种分享不仅增强了用户对民族服饰的情感联结，还能够在更广泛的受众群体中传播这些文化符号。通过这种方式，民族服饰图案不仅成为一种视觉享受，更成为一种情感交流的媒介。

多媒体内容展示是提升民族服饰图案故事趣味性和吸引力的另一种有效策略。结合音频、视频和动画的多媒体内容，可以将静态的服饰图案转化为动态的视觉和听觉体验。这种多感官的刺激能够吸引不同年龄层和文化背景的观者，使他们更容易沉浸在故事情境中。通过这种方式，民族服饰图案不再仅仅是历史的遗存，而是活生生的文化表达，能够激发观者的好奇心和探索欲望，从而实现更广泛的传播效果。

二、民族服饰图案背后的故事挖掘

（一）传说与神话故事

图案中融入的龙、凤等传说中的动物形象，不仅仅是视觉上的美观设计，更是文化象征的载体。这些形象在民族文化中通常承载着吉祥寓意，代表着人们对美好生活的向往和追求。通过这些图案，文化的深度和复杂性得以传达，使其不仅成为服饰的装饰元素，更成为文化传承的重要媒介。设计师在创作过程中，若能深入挖掘这些传说与神话故事，便能创造出具有故事性和吸引力的图案，从而在激烈的市场竞争中脱颖而出。

许多民族服饰图案的灵感来源于古老的神话故事，这些故事不仅是民族历史的见证，也是民族价值观与信仰的体现。通过图案，故事得以生动地呈现，增强了文化的深度和层次感。例如，某些图案可能描绘了神话中的英雄事迹或神灵的形象，这些都在无形中传递着民族的信仰和价值观。设计师通过对这些故事的挖掘，不仅可以丰富图案的内涵，还能赋予其新的生命力，使其在现代社会中继续发挥作用，吸引消费者的关注与兴趣。

故事性表达在民族服饰图案设计中尤为重要。通过对图案细节的精心设计，如特定的色彩选择和形状构造，设计师可以有效地体现传说中的角色和事件。这样的设计不仅增强了图案的视觉吸引力，还能在观者心中唤起特定的文化认同感。这种认同感不仅是对美的欣赏，更是一种对文化根源的共鸣与认同。通过这种方式，民族服饰图案不仅成为一种时尚的表达，更成为文化传播的桥梁，连接着过去与未来。

（二）历史事件与人物故事

通过特定历史事件的象征，如某场战役或某个和平协议，民族服饰图案传达出民族的坚韧与团结精神。设计师在创作过程中，可以深挖这些历史事件，将其转化为图案的核心元素，赋予作品以深刻的文化内涵。通过这种方式，服饰图案不仅仅是装饰品，更成为连接过去与未来的文化桥梁，传递着民族的历史与精神。

设计师还可以将历史人物的形象和故事融入民族服饰图案中，使其不仅具有美学价值，更承载着历史人物的精神和影响力。这种设计策略不仅丰富了图案的叙事性，还为其注入了鲜活的历史生命力。通过对历史人物的深入研究，设计师可以挖掘出其生平事迹和精神内核，并将其以图案形式呈现出来，使观者在欣赏图案之美的同时，也能感受到历史人物的伟大与贡献。

历史事件的纪念日或庆典常常是设计灵感的重要来源。这些具有时间意义的日子，可以激发设计师创作出具有纪念意义的民族服饰图案，增强文化的传承与记忆。通过这种方式，设计师不仅是在进行图案设计，更是在进行文化的再创造与传播。每一个图案都成为一个故事，承载着历史的厚重与文化的延续，使其在现代社会中焕发出新的生命力。

深入挖掘历史故事，可以让设计师将特定的历史情境和人物经历转化为图案元素，增强作品的叙事性和文化深度。这种设计方式不仅提高了作品的文化价值，也使其在市场中更具竞争力。通过这种方式，设计师不仅是在进行艺术创作，更是在进行文化的传承与创新，使民族服饰图案在数字化时代中焕发出新的光彩。

（三）民俗风情与生活故事

民俗风情与生活故事在民族服饰图案中的体现，能够通过图案元素展示日常生活中的传统习俗，如节庆、婚礼等场合的服饰特征。这些图案元素不仅传达了特定的文化符号，还通过细致的设计反映出当地的传统习俗和生活方式，成为文化传承的重要媒介。通过这些图案，观者能够感受到民族文化的独特魅力和历史积淀，从而进一步了解和欣赏民族服饰所蕴含的深层次文化价值。

设计师在挖掘民俗故事时，可以将地方特色融入民族服饰图案，使其更具地域文化的代表性，增强消费者的文化认同感。这种设计方法不仅提升了服饰的艺术价值，更在无形中加深了消费者与文化之间的情感联系。通过深入研究和分析地方民俗，设计师能够创造出具有独特风格的服饰图案，这些图案不仅是视觉上的享受，更是文化认同的象征。消费者在选择这些具有浓厚地方特色的服饰时，也是在表达对自身文化背景的认同和对传统的尊重。

生活故事的表现可以通过图案中的细节设计，反映出特定的生活场景和风俗习惯，从而增强图案的叙事性和情感共鸣。设计师通过对生活细节的观察和提炼，将日常生活中的点滴融入图案设计中，使其具有更强的故事性。这样的设计不仅使服饰图案更具吸引力，还能引发观者的共鸣，使其在欣赏图案的同时，感受到浓厚的生活气息和文化氛围。这种叙事性的设计策略，使民族服饰图案不仅是静态的艺术品，更是动态的文化讲述者。

三、以故事为线索展示民族服饰图案

（一）故事与图案的有机结合

通过将故事情节融入图案设计，设计师不仅可以增强图案的视觉美感，还能赋予其深刻的文化内涵和情感共鸣。这种结合使得图案成为文化故事的载体，通过视觉语言传达特定的历史背景和民族精神。设计师可以从故事中的角色和情节中汲取灵感，选择与图案元素相符的色彩与形状，从而增强图案的叙事性和文化深度。通过这种方式，图案不仅仅是装饰品，而且是具有生命力的文化符号，能够引发观者的情感共鸣和文化认同。

在数字平台上，互动式故事叙述为用户提供了参与图案创作与传播的机会。这种参与感不仅提升了用户对文化故事的理解与认同，也增加了他们对民族服饰图案的兴趣。通过设计互动式的数字体验，用户可以在虚拟环境中探索故事情节，并在此过程中对图案的意义有更深入的理解。这种沉浸式的体验加强了用户与文化的连接，使他们不仅是被动的观者，也是积极的参与者和传播者。通过这种方式，民族服饰图案的文化价值在数字化时代得以延续和传播。

（二）按照故事发展顺序呈现图案

在民族服饰图案的数字化传播中，以故事发展顺序呈现图案是一种有效的策略。这种方法不是简单的图案展示，而是通过精心设计的叙事结构，将图案与故事情节紧密结合。通过这种方式，观者可以在视觉上感受到故事发展的脉络，从而更深入地了解这些图案所承载的文化内涵。这种策略强调图案的布局与元素设计，使其能够反映故事情节的起承转合，形成一种视觉上的引导，帮助观者更好地了解和欣赏民族服饰图案的独特魅力。

色彩变化和形状设计也是图案故事性表达中不可或缺的元素。通过色彩的渐变和形状的变化，设计师可以反映故事发展的不同阶段，帮助观者理解故事的情感起伏与文化内涵。比如，通过色调的变化来表现故事中从喜悦到悲伤的情感转变，或是通过形状的变化来象征角色的成长与变化，这些设计手法都能有效地增强图案的情感表达，使观者在欣赏图案的同时，也能感受到故事的深层次内涵。

在数字平台上，时间线或互动式展示为图案的故事性表达提供了新的可能性。通过依次呈现图案，用户能够体验到故事的完整性与连贯性。这种展示方式不仅增加了用户的参与感，也增强了图案的叙事效果。例如，通过时间线展示，观者可以逐步了解故事的各个阶段，而互动式展示则允许用户通过自己的操作来探索故事的不同层面，进一步加深对民族服饰图案的理解和欣赏。

（三）通过故事增强图案的感染力

故事具有天然的吸引力，可以帮助观者更深入地了解和感受民族服饰图案的文化底蕴。将民族服饰图案嵌入引人入胜的故事情节中之后，这些图案不再是孤立的视觉元素，而是成为承载文化记忆和情感的媒介。故事的力量在于其能够跨越时间和空间的界限，将观者带入一个充满历史和文化氛围的世界，从而增强图案的感染力和持久吸引力。

通过情感故事激发用户共鸣，民族服饰图案在情感层面与消费者建立深度连接，增强其吸引力。情感是人类交流中最强大的纽带，而成功的故事往往能够引发强烈的情感共鸣。在数字化时代，民族服饰图案可以通过情感故事与消费者建立深刻的情感联系。这种联系不仅增强了图案的吸引力，还使消费者在心理上对这些图案产生依赖和亲近感。通过情感故事，图案不再是简单的装饰，而是成为消费者自我表达和文化认同的一部分。

通过利用故事叙述的技巧，民族服饰图案与特定情境相结合，提升图案的文化内涵，增强其感染力。故事叙述技巧可以为民族服饰图案注入新的生命力，通过将图案置于特定的文化情境中，丰富其文化内涵。这种结合不仅能够帮助观者更好地理解图案背后的文化意义，还可以增强其感染力，使其在全球化背景下仍能保持独特的民族特色。通过精心设计的故事情境，民族服饰图案可以在数字化传播中获得更广泛的接受和认可。

在数字平台上创造互动式故事体验，让用户参与到故事中，增强对民族服饰图案的情感投入和认同感。互动式故事体验是数字化传播的前沿趋势，通过让用户主动参与到故事中，可以显著增强他们对民族服饰图案的情感投入。用户的参与不仅可以提升他们的认同感，还能使他们在互动过程中更深入地了解和体验图案的文化价值。这种互动式体验不仅增加了传播的趣味性，还提升了用户的参与度和忠诚度。

四、塑造具有感染力的故事角色与情境

（一）以人物形象传递图案的文化内涵

通过塑造具有代表性的民族人物，能够有效展现图案所承载的文化符号与价值观。这种方法不仅能增强消费者的文化认同感，还能使他们在欣赏图案时感受到其中蕴含的深厚文化底蕴。人物形象的设计应充分考虑其文化背景，使其成为图案文化内涵的生动载体。通过这种方式，消费者在接触民族服饰时，不仅仅是看到一件服饰，而且能够感受到背后丰富的文化故事。

利用人物形象的故事背景，可以更深入地传递图案的历史渊源与文化内涵。这种背景故事能够使消费者更深入地理解服饰的意义，激发他们对民族文化的兴趣与探索欲望。在设计过程中，故事背景的构建应紧密围绕图案的起源和发展，帮助消费者在情感上与图案产生共鸣。这种情感联结不仅提升了文化传播的效果，还能够促进消费者对民族服饰的更深层次的了解与欣赏。

设计具有情感共鸣的人物角色也是传播民族服饰图案文化内涵的有效途径。通过角色的生活经历与图案的结合，能够激发消费者的情感共鸣与参与感。这种设计策略能够使消费者在欣赏民族服饰时，产生一种身临其境的感觉，仿佛自己也参与了角色的生活故事。角色的情感共鸣不仅能够增强文化传播的效果，还能够促进消费者对民族服饰的情感认同与忠诚度。

人物形象的多样性展示，可以反映不同地域和民族的文化特色，增强图案的包容性与多元文化表达。这种多样性能够使民族服饰图案的传播更加广泛，吸引不同背景的消费者关注。多样性展示的设计应注重不同文化特色的细节呈现，使每一个人物形象都能够代表一种独特的文化氛围。这种方式能够有效提升民族服饰图案的文化传播深度与广度。

（二）营造与图案相关的场景氛围

民族服饰图案作为文化的重要载体，其数字化传播需要通过营造与图案相关的场景氛围，以增强用户的文化体验和情感共鸣。虚拟现实技术的运用可以构建出沉浸式的场景，让用户在数字环境中身临其境地感受民族服饰图案的独特魅力。这种沉浸式体验不仅能够增强用户的参与感，还能在无形中加深他们对民族文化的理解和认同。通过这种技术手段，用户可以在虚拟世界中探索不同民族的服饰图案，体验其背后的文化故事和历史背景，从而在数字化环境中实现文化的深度传播。

增强现实技术的应用则为民族服饰图案的传播提供了另一种创新的方式。这些图案与现实环境相结合，创造出互动的体验，使用户在日常生活中也能感受到文化的存在与美感。这种结合不仅使传统文化得以在现代生活中延续，还能通过互动的方式激发用户的兴趣，促使他们主动探索和分享相关的文化知识。增强现实应用的普及，使得民族服饰图案不再仅仅是博物馆中的展品，而是成为人们生活的一部分，促进了文化的现代化传播。

设计主题展览是营造文化氛围的重要手段之一。将民族服饰图案与相关的场景布置相结合，可以在展览空间中营造出浓厚的文化氛围，提升观者的视觉体验与文化认同。这种展览不仅仅是对图案的展示，更是对其文化内涵的深度解读。通过场景的设置，观者可以在视觉和情感上与展品产生共鸣，从而更好地理解民族服饰图案所承载的文化意义。这种体验式的展览形式，能够有效地增强观者对民族文化的认知和认同。

视频短片的展示则为民族服饰图案的应用提供了生动的例证。在特定场景中，如节庆、婚礼等，通过视频短片展示这些图案的应用，可以增强用户对图案文化内涵的理解和情感联结。视频短片能够通过视觉和听觉的结合，直观地呈现图案在不同场合中的使用方式及其文化背景。这种展示方式，不仅丰富了用户的感官体验，还能够通过故事化的表达方式，使用户更容易接受和理解民族服饰图案的文化价值。

（三）让受众产生情感共鸣的故事情境设计

通过情感故事创作，设计与民族服饰图案相关的互动体验，可以使受众在参与中感受到文化的深度与情感共鸣。这种设计不是简单的图案展示，而是通过故事的力量，将观者带入一个充满情感的世界。在这个过程中，民族服饰图案不再是静态的艺术品，而是具有生命力的文化载体。通过这种方式，观者能够更深入地了解和欣赏这些图案背后的文化意义，同时也能够产生深刻的情感共鸣。

结合特定节庆或传统仪式，营造与民族服饰图案相关的氛围，是提升观者对文化认同感和情感投入的有效策略。节庆和仪式本身就具有浓厚的文化色彩，它们为民族服饰图案提供了一个自然的展示平台。在这些场合中，服饰图案不仅仅是视觉的享受，更是文化的象征和传承的纽带。通过这种方式，观众可以在参与节庆活动的过程中，感受到民族服饰图案所承载的历史与文化记忆，从而增强对文化的认同感和情感投入。

利用用户生成内容（UGC），鼓励受众分享与民族服饰图案相关的个人故事，可以增强社区感与文化交流。在数字化传播的背景下，UGC 为民族服饰图案的传播注入了新的活力。鼓励受众分享个人故事，不仅可以丰富传播内容，还能够促进文化的交流与互动。受众在分享过程中，不仅是信息的接收者，也是文化的传播者。这种双向互动的方式，能够有效增强社区感，使民族服饰图案在更广泛的受众中传播开来，同时也能促进不同文化之间的交流与理解。

五、结合社交媒体传播民族服饰图案故事

（一）适合社交媒体分享的故事内容形式

社交媒体在当代信息传播中扮演着至关重要的角色，特别是在民族服饰图案的数字化传播中，适合社交媒体分享的故事内容形式能够有效提升传播的广度与深度。短视频作为一种高效的传播媒介，通过生动的视觉表现，能够将民族服饰图案的创作过程直观地呈现给观众。这种形式不仅吸引了用户的关注，还激发了他们对设计背后故事的好奇心，从而促使他们主动分享这些内容。通过短视频的传播，民族服饰图案的文化价值和艺术魅力得以广泛传播。

图文结合的方式是另一种适合社交媒体分享的内容形式，它通过文字与图片的相互补充，全面展示民族服饰图案的文化内涵和历史背景。这种形式不仅增强了用户对民族服饰图案的理解，还提升了他们的参与感。通过图文的结合，用户可以更深入地了解民族服饰图案的历史演进和文化意义，从而在分享过程中传播更具深度的文化信息。这样的传播策略能够有效地促进民族服饰文化的传承与发展。

设计互动问答活动是增强用户参与感和社区互动的有效方式。通过这种活动，用户不仅可以分享他们对民族服饰图案的看法和故事，还能在互动中加深对民族服饰文化的理解。这种双向的交流模式不仅促进了文化交流，还为民族服饰图案的传播创造了更多的可能性。通过互动问答，用户的参与热情被激发，民族服饰图案的故事性表达得以更广泛地传播和接受。

故事化的图案展示结合动画效果，能够在视觉上为用户提供一种全新的体验。这种形式通过动态的视觉表现，将民族服饰图案的情感与美感生动地呈现出来。动画效果不仅提升了用户的视觉体验，还增强了他们对民族服饰图案的情感认同。这种创新的传播形式能够有效地吸引用户的注意力，并促使他们在社交媒体上积极分享，从而扩大民族服饰图案的传播影响力。

（二）利用社交平台的互动功能推动故事传播

通过鼓励用户在评论区分享他们与民族服饰图案相关的故事，可以促进用户之间的文化交流与认同感。这种实时互动不仅丰富了用户的参与体验，还能在无形中增强民族服饰文化的影响力。用户在分享个人故事的同时，也在无形

中为民族文化的传播贡献了力量。这种互动性极大地提升了用户的参与度，使得民族服饰图案的数字化传播更加生动和有趣。

设计社交媒体活动，如投票和问答形式，能够激发用户对民族服饰图案文化意义的讨论。这种参与形式不仅让用户感受到文化的深度，还能提升他们的参与感和归属感。参与者在讨论中不仅能获得知识，还能通过互动加深对民族文化的理解。这种形式的互动不仅是文化传播的有效途径，也是增强用户与民族文化之间情感联结的重要方式。通过这种方式，民族服饰图案的故事得以更广泛地传播和理解。

社交平台的直播功能为展示民族服饰图案的创作过程和背后的故事提供了一个实时互动的机会。通过直播，用户可以直观地看到民族服饰图案的制作过程，了解其背后的文化背景和故事。这种实时的参与感能够极大地吸引用户的兴趣，并促使他们积极参与互动。直播不仅是传播媒介，更是与用户建立深度联系的渠道。通过这种方式，民族服饰图案的传播效果得到了显著增强，文化的魅力也得以更直接地传达给观众。

利用社交媒体平台的标签功能，鼓励用户使用特定标签分享与民族服饰图案相关的内容，可以形成社区效应，促进文化的广泛传播。特定标签的使用能够将零散的内容集聚在一起，形成一个具有共同兴趣的文化社区。在这个社区中，用户不仅可以分享和获取信息，还能通过互动加深对民族服饰文化的理解和认同。通过这种方式，民族服饰图案的数字化传播得以在更大范围内实现，文化的影响力也得以进一步扩大。

（三）培养用户生成内容的故事讲述模式

社交媒体平台为用户提供了展示个人故事的舞台，通过分享与民族服饰图案相关的经历和情感，用户不仅能增强自身的参与感，还能在平台上形成独特的归属感。话题标签的创建进一步促进了这种参与感的提升，使得用户在分享过程中能够更便捷地找到志同道合的群体。通过社交媒体的互动，民族服饰图案的故事不仅仅是静态的展示，而且是动态的交流与分享，为文化的传播注入了新活力。

1. 设计用户生成内容活动

用户生成内容（UGC）活动通过鼓励用户展示他们与民族服饰图案的互动体验，扩大了文化传播的广度。用户在参与过程中，通过分享自身的体验，不仅加深了对民族服饰的理解，也为其他用户提供了新的视角和灵感。UGC活动的设计需要考虑用户的多样性和创意性，确保活动能够吸引不同背景和兴趣的用户参与，从而实现文化传播的最大化。

2. 定期举办线上挑战赛

通过挑战赛，用户可以围绕民族服饰图案展开创作，展示自己的创意和才华。这种竞赛形式不仅能激发用户的参与热情，还能增强社区的活跃度。挑战赛的主题设计应当紧扣民族服饰图案的文化内涵，鼓励用户从不同角度进行创作。通过这种方式，民族服饰图案的数字化传播能够吸引更多的关注和参与，形成良性循环。

3. 利用数据分析工具监测用户生成内容的反馈

对用户反馈进行分析，可以了解用户的偏好和需求，从而对故事讲述模式进行调整和优化。这种数据驱动的优化不仅能提升用户体验，还能提高内容的质量和传播效果。数据分析工具的应用为民族服饰图案的数字化传播提供了科学依据，使得传播策略的制定更加精准和有效。

第三节　以用户需求为导向的民族服饰图案传播内容设计

一、了解用户对民族服饰图案的兴趣点

（一）问卷调查与用户反馈分析

通过精心设计的问卷，可以深入了解用户对不同民族服饰图案的偏好，特别是在颜色、形状和文化象征等方面的喜好。问卷设计需考虑到多样的民族文化背景，以便更全面地捕捉用户的兴趣点。此外，用户反馈分析是识别用户对民族服饰图案的情感共鸣和文化认同感的关键步骤。通过分析这些反馈，可以找到用户之间的共通点，从而为后续的内容设计提供有力的指导。

通过定量和定性的方法评估用户对民族服饰图案的认知水平及其影响因素是进一步优化传播内容的必要手段。定量分析可以通过统计学方法测量用户对

特定图案的认知程度，而定性分析则通过深入访谈或焦点小组讨论等方法，探讨用户的深层次认知和情感反应。这种综合评估方法不仅有助于了解用户的认知水平，还能揭示影响其认知的潜在因素，如文化背景、教育水平和社会环境等。

调查用户在社交媒体上对民族服饰图案内容的分享意愿，是评估其传播潜力的重要步骤。社交媒体作为现代信息传播的重要平台，用户的分享意愿直接影响到民族服饰图案的传播广度和深度。通过分析用户在社交媒体上的行为数据，如点赞、评论和分享次数，可以判断哪些图案更具传播潜力。同时，这些数据也为优化传播策略提供了实证依据，有助于设计更具吸引力和互动性的内容。

收集用户在使用民族服饰图案产品时的实际体验，评估其满意度和改进建议，是提升产品设计和用户体验的关键。用户的实际体验反馈不仅反映了产品在设计、功能和使用便捷性等方面的优劣，还揭示了用户在使用过程中遇到的问题和障碍。通过系统地收集和分析这些体验数据，可以识别出产品设计中的不足之处，并提出具体的改进建议，从而提高用户的满意度和忠诚度。这一过程也是不断优化民族服饰图案数字化产品的重要环节。

（二）社交媒体数据挖掘用户喜好

通过对社交媒体数据的挖掘，可以分析用户对民族服饰图案的互动频率，从而识别出最受欢迎的内容类型。这种分析不仅有助于优化传播策略，还能帮助设计者更好地满足用户需求。通过识别用户频繁互动的图案类型，传播者可以有针对性地调整内容，确保其在社交网络中获得更高的曝光和接受度。

社交媒体上的评论和点赞数据提供了了解用户情感反应的重要线索。通过分析这些数据，可以洞察用户对特定民族服饰图案的情感倾向，这对设计更具吸引力的图案至关重要。用户的情感反应往往直接影响他们的参与度和分享行为。因此，了解这些情感反应不仅能帮助设计者创造出更具吸引力的作品，还能促进民族服饰文化在更广泛的受众中传播。

用户在社交媒体上分享民族服饰图案内容的动机是另一个值得研究的方面。通过分析用户的分享动机以及他们在社交网络中的影响力，可以增强传播效果。用户的分享行为不仅反映了他们的个人兴趣，还可能影响其社交圈内其他用户的兴趣和行为。因此，了解用户分享的动机，以及如何利用他们的影响力，可以帮助传播者制定更有效的传播策略。

社交媒体平台提供的趋势分析工具也是指导内容创作的重要资源。通过监测与民族服饰图案相关的热门话题和标签，可以更好地把握内容创作的方向。这些工具不仅帮助设计师识别当前的潮流趋势，还能预测未来的传播热点，从而使内容创作更具前瞻性和针对性。

（三）市场调研了解用户需求趋势

通过深入的市场调研，可以识别用户在设计风格、色彩搭配和材料选择上的偏好。这些信息对于制定符合用户期望的设计方案至关重要。例如，某些用户可能偏好现代与传统结合的设计，而另一些用户则可能更青睐于纯粹传统风格的图案。通过对这些偏好的分析，设计师可以更好地满足不同用户群体的需求，提高产品的市场竞争力。

市场调研还涉及对目标用户群体的人口统计特征的分析。这包括年龄、性别、职业等因素，这些信息可以帮助企业更精准地制定市场推广策略。例如，年轻的用户群体可能更倾向于接受新颖的设计，而年长的用户可能更注重服饰的文化内涵与实用性。通过了解这些人口统计特征，企业可以更有效地定位其产品，提高市场渗透率和用户满意度。

评估用户对民族服饰图案的功能性需求也是市场调研的重要组成部分。不同场合对服饰的需求是多样的，用户在节庆活动中可能更注重服饰的华丽与独特性，而在日常穿着中则可能更看重舒适性与实用性。通过对这些功能性需求的分析，设计师可以在产品设计中更好地平衡美观与实用之间的关系，满足用户在不同场合的穿着期望。

调查用户对民族服饰图案的文化认同感也是市场调研的关键环节之一。用户对传统文化元素的接受度和情感联结程度会影响他们对民族服饰的选择。通过分析这些文化认同感，企业可以在设计中更好地融入文化元素，增强产品的文化价值和吸引力，进而提高用户的购买意愿。

二、根据用户需求确定传播内容的形式

（一）图文并茂的信息展示

通过将视觉元素与文字信息的有机结合，设计者可以有效地提升民族服饰图案的传播效果。这种设计理念强调视觉与文字的融合，不是简单的叠加，而

是通过精心的排版和设计，使得两者相辅相成，从而增强信息的传达力。视觉元素如色彩、形状和图案，与文字的描述和解说相结合，可以更直观地呈现民族服饰的独特之美和深厚的文化内涵，吸引更多用户的关注。

多样化的图文展示形式是满足不同受众需求的关键。在数字化传播中，信息图、海报和社交媒体帖子等形式的运用，可以有效地适应不同平台和用户的视觉偏好。信息图通过简洁明了的图形和文字组合，能够迅速传达复杂的信息；海报则通过大幅的图像和简短的文字，营造出强烈的视觉冲击力；而社交媒体帖子则通过灵活的内容和形式，适应快速传播和互动的需求。这些多样化的形式不仅丰富了传播的手段，也拓宽了民族服饰图案的传播途径。

图文并茂的内容形式不仅在视觉上吸引用户，还能生动地展现民族服饰图案的文化内涵和故事背景。通过这种方式，用户不仅能看到精美的图案，还能了解其背后的历史和文化故事，从而增强对民族服饰的理解与情感共鸣。这种深度的文化传达有助于提升用户的参与感和认同感，进而促进他们主动分享和传播民族服饰图案的内容，扩大其在社交网络中的影响力。

（二）互动游戏与体验活动

互动游戏与体验活动不仅仅是娱乐的载体，更是文化内涵传递的重要媒介。通过设计互动游戏，用户可以直接参与到民族服饰图案的创作过程中，从而增强对这些图案背后文化意义的理解与认同感。这种参与式的设计能够有效地将用户的注意力吸引到文化内容上，使其在潜移默化中接受并理解文化的深层次内涵。此外，互动游戏的设计还应考虑不同用户的需求，提供多样化的参与方式，以此来扩大受众群体的覆盖面。

线上体验活动是另一种有效的传播形式，它能够通过特定的主题引导用户创作与民族服饰图案相关的作品。这种活动形式不仅提升了用户的参与感，还促进了社区之间的互动。通过线上平台，用户能够分享自己的创作，并与他人交流心得，形成一个充满活力的文化传播社区。这种社区互动不仅有助于增强用户对民族服饰文化的认同感，还能激发更多的创意，推动文化的持续传播与发展。同时，线上体验活动也可以通过比赛、展示等多种形式，进一步激发用户的参与热情。

增强现实技术的应用为民族服饰图案的传播创造了沉浸式的体验活动，使用户能够更深刻地感受文化的魅力。这种沉浸式体验不仅提升了文化体验的深度，还为用户提供了一个全新的视角去理解和欣赏民族服饰图案。通过增强现实技术，用户可以在现实场景中看到服饰图案的动态展示，从而加深对其文化背景的理解。这种技术的应用为民族服饰的数字化传播开辟了新的路径，推动了文化传播的创新发展。

三、设计个性化的民族服饰图案内容

（一）基于用户画像的定制化图案推荐

在现代数字化传播环境中，基于用户画像的定制化图案推荐成为实现个性化体验的重要策略。这一策略首先依赖于对用户性别和年龄段的深入分析，以推荐符合其审美偏好的民族服饰图案。通过对不同性别和年龄段的审美趋势进行研究，设计者能够更精准地捕捉用户的潜在需求，进而增强个性化体验。这种方法不仅提高了用户的满意度，还为民族服饰图案的多样化设计提供了新的灵感源泉。

利用用户的地理位置数据进行图案推荐，能够有效体现地域文化的独特性。不同地区的民族服饰图案往往蕴含着深厚的文化内涵和历史背景，通过对用户地理位置的分析，设计者可以推荐具有地方特色的图案。这种策略不仅有助于弘扬和传播地域文化，还能激发用户对本土文化的认同感和自豪感，进而促进民族服饰的广泛传播和接受。

分析用户的购买历史和偏好是提升用户购买意愿和满意度的关键。通过对用户过去购买行为的分析，设计者可以识别出用户对特定图案的偏好，从而提供更具针对性的定制化图案推荐。这种方法不仅能提高用户的购买意愿，还能通过满足用户的个性化需求来提升整体满意度。这种基于数据驱动的设计策略，为民族服饰图案的商业化推广提供了强有力的支持。

结合用户在社交媒体上的互动行为，设计符合其兴趣的民族服饰图案，可以显著增强用户的参与感。在社交媒体平台上，用户的兴趣和爱好往往通过其互动行为表现出来。通过分析这些行为，设计者可以设计出更符合用户兴趣的民族服饰图案。这种策略不仅能提高用户的参与度，还能通过社交媒体的传播效应扩大民族服饰图案的影响力。

（二）允许用户参与设计的创意空间

通过设计师与用户共同创作的在线平台，用户可以提交自己的设计理念和元素，促进个性化图案的形成。这种合作模式不仅能激发用户的创造力，还能使设计师获得新的灵感，从而丰富民族服饰图案的多样性。在线平台的互动性和开放性为用户提供了展示创意的舞台，推动了用户与设计师之间的深度交流与合作。

建立用户参与的设计竞赛是另一种有效的用户参与策略。鼓励用户提交自己的民族服饰图案设计，并通过投票选择获胜作品，不仅增强了用户的参与感和归属感，还能激励更多用户积极参与设计活动。设计竞赛的公开性和竞争性为用户提供了一个展示才华的机会，同时也为设计师提供了了解用户偏好的窗口，从而更好地满足市场需求。

开发可视化设计工具，为用户在数字环境中自由组合和调整图案元素提供了技术支持。这些工具不仅降低了设计门槛，还为用户创造了一个自由创作的空间，使他们能够创造出属于自己的独特民族服饰图案。通过这种方式，用户不仅是图案的消费者，更成为设计的参与者和创造者。这种用户主导的设计过程不仅能提升用户的满意度，还能增加产品的个性化和市场竞争力。

（三）满足用户特殊需求的专属图案服务

满足用户特殊需求的专属图案服务成为这一领域的重要策略之一。通过提供个性化定制服务，用户可以根据自身的喜好选择图案元素、颜色和样式，这种服务不仅提升了用户的参与感，还增强了其文化认同感。在设计过程中，设计师需要深入了解不同文化背景下的用户需求，确保每一件作品都能体现出用户独特的审美取向和文化价值。

针对特殊节庆或活动开发的定制图案服务，能够帮助用户在重要场合中展现独特的民族风格。这种服务不仅限于传统节日，还可以扩展到现代生活中的各种活动，如婚礼、毕业典礼等。设计师需要在这些场合中融入适当的民族元素，以便用户在展示个性化风格的同时，也能感受到民族文化的深厚底蕴。通过这种方式，民族服饰图案的传播不仅成为文化传承的载体，也成为用户表达自我和文化认同的重要途径。

用户反馈和建议在图案设计中扮演着关键角色。通过动态调整设计，设计师能够更好地满足用户的特殊需求和个性化偏好。这种互动不仅提高了用户的满意度，还为设计师提供了宝贵的创作灵感。设计师可以通过定期收集用户反馈，分析用户偏好趋势，从而不断优化设计方案。这种以用户为中心的设计策略，使得民族服饰图案在数字化传播中更具生命力和吸引力。

特定群体的专属图案设计需要考虑其功能性与审美需求的结合。例如，为儿童设计的图案应注重色彩鲜艳和形象生动，以激发他们的兴趣；为老年人设计的图案则需关注舒适性和易用性；而针对特定职业人群的图案设计，则应结合职业特性和文化背景。这种针对性的设计策略，不仅满足了不同群体的实际需求，也为民族服饰图案的传播开辟了新的市场空间。

四、建立用户社区促进内容传播与交流

（一）搭建线上用户交流平台

通过创建专属的在线社区，用户可以分享他们的民族服饰图案设计和创作过程。这不仅促进了用户之间的互动与交流，还为设计者提供了展示其创意的舞台。在线社区的建立需要考虑用户的多样性和需求，通过提供多种互动方式，如文字、图片和视频分享，使用户能够自由表达和交流。这样的环境不仅有助于提升用户的参与感，还能激发更多创意的产生。

1. 定期举办线上活动和挑战赛

这些活动包括设计比赛、创意挑战或文化主题日等，旨在激发用户的参与热情。通过这些活动，用户不仅可以展示自己的设计，还能获得来自社区的反馈和认可，从而增强他们的归属感和参与感。此外，这些活动还可以吸引更多潜在用户加入社区，扩大民族服饰图案的影响力和传播范围。

2. 提供线上论坛和讨论区

在这些平台上，用户可以自由讨论各种设计相关主题，从而形成良好的知识分享氛围。这种开放的交流环境有助于用户在互动中学习和成长，同时也为设计师和专家提供了一个了解用户需求和趋势的窗口。通过这种方式，社区不仅成为用户的交流平台，也成为民族服饰图案文化传播的重要载体。

3. 社交媒体平台的整合

通过利用社交媒体的广泛覆盖和互动性，用户可以通过标签和话题参与讨论，分享他们的创作和想法。这种方式不仅有助于吸引更多用户的关注和参与，还能通过社交网络的传播效应，将民族服饰图案的文化魅力传递给更广泛的受

众。社交媒体的使用为民族服饰图案的数字化传播提供了新的可能性和途径。

（二）组织线下用户活动增强互动

在数字化时代，组织线下用户活动成为增强民族服饰图案传播与用户互动的重要策略。这不仅有助于提升用户对民族文化的理解与认同感，还能激发他们的参与热情。举办民族服饰图案设计工作坊是其中一种有效方式。通过邀请用户参与实际创作，工作坊为他们提供了一个深入了解民族文化的机会。在这里，用户不仅可以学习到民族服饰图案的设计技巧，还能通过亲身实践体验到设计的乐趣与挑战。这种亲身参与的方式能够有效地增强用户对民族文化的认同感，同时也为他们提供了一个展示创意的平台。

线下展览活动也是促进文化交流与社区互动的有效手段。通过展示用户创作的民族服饰图案，展览活动为用户提供了一个展示才华的舞台，同时也为其他参与者提供了欣赏和了解民族文化的机会。这种双向互动不仅能增强用户的自豪感和归属感，还能促进不同文化背景的人们之间的交流与理解。通过展览，用户可以看到自己的作品被公众认可，这种成就感能激励他们进一步参与到民族文化的传播与创新中。

主题沙龙活动为设计师和用户提供了一个分享和交流的平台。在沙龙中，设计师可以分享民族服饰图案的设计理念与创作灵感，而用户则可以提出自己的见解与疑问。这种互动不仅能增强用户的参与感，还能为设计师提供新的思路与灵感。通过这种双向交流，用户和设计师之间的距离被拉近，用户更能感受到自己在民族服饰图案传播中的重要性，从而激发他们的参与热情。

民族文化节活动通过多样的服饰展示、表演和互动环节，让用户亲身体验民族服饰的魅力与文化内涵。在文化节上，用户不仅可以看到丰富多彩的民族服饰展示，还能通过参与互动环节，如服饰试穿、传统工艺体验等，更深入地了解和感受民族文化的独特魅力。这种全方位的体验能够有效地激发用户对民族文化的兴趣与热情，同时也为民族服饰图案的传播提供了一个生动的舞台。

（三）鼓励用户分享自己的民族服饰图案作品

鼓励用户分享自己的民族服饰图案作品，可以有效促进文化的延续与传播。创建社交媒体活动是一个行之有效的方法，用户可以通过特定标签分享他们的作品。这不仅增强了社区的互动性，还提高了参与感，使更多人对民族服饰图案产生兴趣。社交媒体的广泛覆盖面能够吸引不同背景的人群，形成一个多元化的交流平台。通过这种方式，民族服饰图案的传播不再局限于某一特定群体，而是扩展到了更广泛的受众，从而推动了文化的多层次传播。

为了进一步提升用户分享的积极性，设立一个用户分享平台显得尤为重要。这个平台应当允许用户上传和展示自己的民族服饰图案设计，形成一个资源共享和创作灵感交流的空间。在这里，用户可以相互评论、点赞，甚至进行合作创作。这种互动不仅能激发用户的创作热情，还能通过多样化的作品展示，丰富民族服饰图案的内容库。同时，平台可以通过数据分析了解用户的偏好和趋势，为后续内容策略的制定提供有力支持。这种以用户为中心的设计理念，能够有效促进内容的精准传播和持续创新。

线上比赛是激励用户参与创作的一种有效方式。邀请用户提交他们的民族服饰图案作品，并评选出优秀作品给予奖励，能够激发用户的创新潜力。比赛不仅提供了展示才华的机会，还能通过竞争机制提高作品的质量。奖励机制的设计应当考虑到多样性和公平性，以激励更多用户参与。通过比赛，用户不仅能获得物质奖励，还能在社区中获得认可和声誉，这种成就感往往会促使他们持续参与到民族服饰图案的创作和传播中。

提供分享指南和创作工具是提升用户分享质量的重要手段。通过详细的指南，用户可以更好地了解如何拍摄、编辑和上传他们的作品，提高分享的吸引力和质量。创作工具的提供则可以帮助用户在设计过程中更加得心应手，创造出更具创新性的民族服饰图案。这些工具可以包括图案设计软件、素材库以及在线教程等，帮助用户在创作过程中不断学习和进步。通过这样的支持，不仅提升了用户的创作水平，也为民族服饰图案的传播提供了更多高质量的内容。

参考文献

[1] 吴蓉，陆小彪．服饰图案［M］．上海：东华大学出版社，2023.

[2] 涂毅佳，汤超．服饰图案的传承与造型设计研究［M］．北京：新华出版社，2022.

[3] 陈建辉，邵丹．服饰图案设计与应用［M］．3版．北京：中国纺织出版社，2022.

[4] 汪芳．现代服饰图案设计［M］．上海：东华大学出版社，2022.

[5] 李欣华．民族服饰文化［M］．北京：中国纺织出版社，2021.

[6] 乌日图宝音．传统服饰文化传承与创新设计研究［M］．北京：中国纺织出版社，2021.

[7] 陈霞．纹饰而非：服饰图案设计创新与创业实践［M］．北京：中国纺织出版社，2020.

[8] 刘海鹏，司媛媛．服饰图案［M］．延吉：延边大学出版社，2020.

[9] 孙晔，金鹏．服饰图案基础教程［M］．北京：中国纺织出版社，2020.

[10] 赵亚杰．服装色彩与图案设计［M］．2版．北京：中国纺织出版社，2020.

[11] 王丽．服饰图案设计［M］．3版．上海：东华大学出版社，2020.

[12] 赵亚杰．服装色彩与图案设计［M］．2版．北京：中国纺织出版社，2020.

[13] 荀双晓．中国少数民族图语［M］．成都：西南交通大学出版社，2020.

参考文献

责任编辑：管明林
封面设计：张田田

ISBN 978-7-5208-3322-6
定价：45.00元